Wessel | Mücken. 100 Seiten

* Reclam 100 Seiten *

GÜNTHER WESSEL, geb. 1959, ist Radiojournalist und Buchautor. Er schreibt seit Jahren über umweltpolitische Themen und ist auf Deutschlandfunk Kultur regelmäßig mit Sachbuchrezensionen zu hören. 2018 wurde Wessel mit dem Deutschen Umweltmedienpreis ausgezeichnet. Bei Reclam erschien zuletzt *Klimakrise. 100 Seiten*.

Günther Wessel

Mücken. 100 Seiten

RECLAM

Für Corinna – die mir die und mich den Mücken der Uckermark zeigte.

2024 Philipp Reclam jun. Verlag GmbH,
Siemensstraße 32, 71254 Ditzingen
Umschlaggestaltung: zero-media.net
Infografiken (S. 24, 57): annodare GmbH, Agentur für Marketing
Bildnachweis: vor S. 1: AkulininaOlga / Shutterstock; S. 7: mycteria / Shutterstock; S. 16: Wikimedia Commons / Mariana Ruiz Villarreal LadyofHats; S. 33: Jens Goepfert / Shutterstock; S. 60: Oliver Spiteri / Shutterstock; S. 76: akg / Science Photo Library; Autorenfoto: hasskarl.de
Umschlagmaterial: Creative Print, Schabert
Druck und Bindung: Esser printSolutions GmbH,
Untere Sonnenstraße 5, 84030 Ergolding
Printed in Germany 2024
RECLAM ist eine eingetragene Marke
der Philipp Reclam jun. GmbH & Co. KG, Stuttgart
ISBN 978-3-15-020703-1

Auch als E-Book erhältlich

www.reclam.de

Für mehr Informationen zur 100-Seiten-Reihe:
www.reclam.de/100Seiten

Inhalt

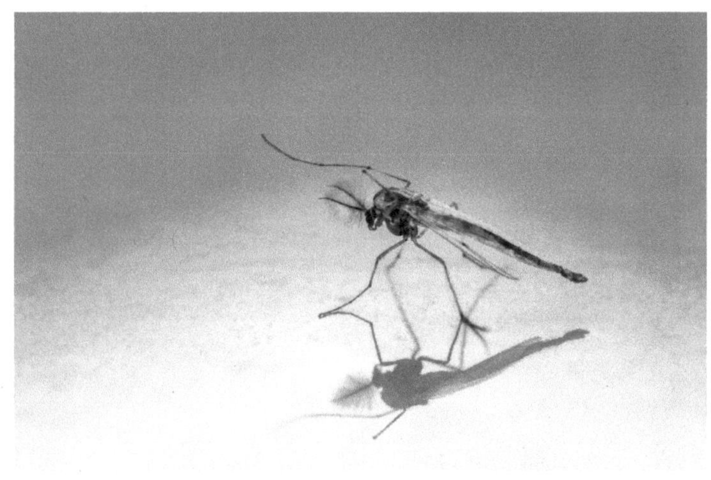

Die Zuckmücke – auch bekannt als Tanz- oder Schwarmmücke

Ungeliebt

Die Uckermark ist der am dünnsten besiedelte Teil Brandenburgs. Eine Landschaft, geprägt von der Eiszeit. Sanft geschwungen, mit Grund- und Endmoränen, voller kleiner und größerer Seen und Tümpel. Dazwischen Felder, Raps, Weizen und Mais, immer wieder durchsetzt von feuchten Senken, in denen Schilf wuchert. Wilde Wiesen, Kiefernplantagen und feuchte Buchenwälder. Sie ist der Rückzugsort vieler Berliner, und auch meine Partnerin besitzt dort ein kleines Haus. Nahe dem Wald, nahe einem See. Über die Wiesen gegenüber staksen Störche und Kraniche, am Himmel kreisen Rotmilan, Bussard und mal ein Seeadler. Es gibt Wildschweine und Waschbären, Feldhasen, Hirsche und Rehe, abends läuft der Igel über den Hof, und das Käuzchen ruft aus dem nahen Wald herüber. Am See zernagen Biber die Buchen und bilden neue Überflutungsflächen, die Eichhörnchen und Siebenschläfer flitzen die Baumstämme hinauf – und dann gibt es da noch ein Tier. Ein kleines, das den Waldspaziergang ruinieren kann, das uns dazu bringt, den Badesteg, wenn wir aus dem See kommen, fluchtartig zu verlassen, das das ländliche Idyll mitunter ordentlich verdirbt und dafür verantwortlich ist, dass im Bad, in der Küche oder auf der Veranda und im Gartenschuppen Plastikflaschen mit nicht sehr gut riechenden chemischen Mittelchen herumstehen: die Mücke.

Mückchen, nicht nur schön zu sein,
Ist ein Glück; es auch zu wissen,
Und du denkst es nicht zu missen;
Deines Leibs goldgrünen Schein
Stäubst du ab mit zartem Fuß,
Bis er schön sich wissen muss.

Das schrieb der schwäbische Naturlyriker Karl Mayer 1834 über die Waldmücke – wahrscheinlich entweder aus sicherem Abstand oder mit einem toten Exemplar neben sich auf dem Schreibtisch. Ich hätte ihn gern zu einem Spaziergang eingeladen – auf Komoot, dem Netzwerk für Aktivitäten wie Wandern, Radfahren oder Laufen, fand sich der Vorschlag einer Wanderung durch den Grumsiner Forst, den alten Buchenwald der Uckermark, der als Weltnaturerbe ausgezeichnet ist, »mit allen Mücken Brandenburgs«. Ob Mayer mit dabei gewesen wäre?

Über das viel beschriebene Insektensterben lachen die Mücken wohl. Nicht nur in der Uckermark waren Insektenschutzmittel in den letzten Jahren oft ausverkauft. Am bayerischen Ammersee ging es Mensch und Mücke wohl genauso wie im Norden Brandenburgs. Sogar Biergärten blieben teils geschlossen. Schon 2016 gründete sich dort die Initiative »Mückenplage – nein danke!«, die eine großflächige Bekämpfung der Mücken fordert. Am Oberrhein wird schon seit den 1970er Jahren großflächig, teils aus Hubschraubern, der mückenspezifische *Bacillus thuringiensis israelensis* (Bti) versprüht, der bei einzelnen Stechmückenarten für eine fast hundertprozentige Sterberate sorgt.

Spricht man von Mücken, dann meist über Stechmücken – eigentlich immer. Entomolog:innen, also Insektenforscher:innen, haben, wenn sie nicht gerade auf einer Gartenparty sind, ein anderes Bild vor Augen: Allein in Deutschland gibt es 28 verschiedene Mückenfamilien, von denen die Stechmücken nur eine sind. Die meisten Mücken saugen kein Blut. Flächendeckend gibt es hierzulande drei blutsaugende Mückenarten: Stechmücken, Kriebelmücken und Gnitzen. Die Stechmücken sind Hausmücken und Waldmücken, Wiesenmücken und Überschwemmungsmücken – kategorisiert nach ihren Lebensräumen. Dazu kommen die Fiebermücken, die Gattung Anopheles, die ihren Namen dem Umstand verdanken, dass es in Deutschland früher auch ausgedehnte Malariagebiete gab. Und mancherorts heißen die Tierchen auch einfach anders: Die Österreicher nennen sie meist Gelsen, am Oberrhein bezeichnet man sie als Schnaken, ebenso in Teilen Frankens. Und wieder anderswo in Franken heißen sie auch mal Fliegen, während die Fliegen Mücken genannt werden.

Nicht nur Karl Mayer und Wilhelm Busch schrieben über die Mücke. Auch die US-amerikanische Rockband The Doors veröffentlichte 1972 auf ihrem Album *Full Circle* einen Song, der schlicht »The Mosquito« hieß. Dessen Text ist von geradezu aufregender Einfachheit: »No me moleste mosquito« heißt es da zu Beginn der ersten Strophe, eine Zeile, die noch zweimal wiederholt wird. Und die Strophe endet mit: »Why don't you go home?« Die zweite beginnt wie die erste, dann folgt: »Let me eat my burrito – No me moleste mosquito – Why don't you go home?« Der gesamte Text – »Lass mich in Ruhe, Moskito,

WILHELM BUSCH

Die Mücken

Dich freut die warme Sonne.
Du lebst im Monat Mai.
In deiner Regentonne,
Da rührt sich allerlei.

Viel kleine Tierlein steigen
Bald auf-, bald niederwärts,
Und, was besonders eigen,
Sie atmen mit dem Sterz.

Noch sind sie ohne Tücken,
Rein kindlich ist ihr Sinn.
Bald aber sind sie Mücken
Und fliegen frei dahin.

Sie fliegen auf und nieder
Im Abendsonnenglanz
Und singen feine Lieder
Bei ihrem Hochzeitstanz.

Du gehst zu Bett um zehne,
Du hast zu schlafen vor,
Dann hörst du jene Töne
Ganz dicht an deinem Ohr.

Drückst du auch in die Kissen
Dein wertes Angesicht,
Dich wird zu finden wissen
Der Rüssel, welcher sticht.

Merkst du, daß er dich impfe,
So reib mit Salmiak
Und dreh dich um und schimpfe
Auf dieses Mückenpack.

In: Wilhelm Busch: Sämtliche Werke. Hrsg. von Otto Nöldeke. Bd. 6. München 1943, S. 305 f.

warum gehst du nicht nach Hause, lass mich meinen Burrito essen« – wird dann noch dreimal wiederholt. Das Stück klingt sehr ungewohnt für die Doors; es war aber zumindest international so erfolgreich, dass der amerikanisch-französische

Sänger Joe Dassin eine französische Coverversion davon aufnahm, mit der er es in die Top Ten Frankreichs und Finnlands schaffte. Vielleicht hatte Frankreich ja einen besonders mückenreichen Sommer – und in Finnland gehören Mücken ja ohnehin in Fülle zum Landschaftsbild.

Die Mücke ist ein Erfolgskonzept. Wissenschaftler:innen vermuten, dass es sie schon seit etwa 190 Millionen Jahren gibt. So wurden, in Bernstein eingeschlossen, Trauermücken aus der Kreidezeit und dem Tertiär gefunden, deren älteste Exemplare etwa 130 Millionen Jahre alt sind. Zahlreiche Mückenarten wurden auch in Baltischem Bernstein gefunden. Ihr Alter: etwa 40 bis 50 Millionen Jahre.

Sie lebten also auch schon zu Zeiten der großen Saurier, die vor etwa 65 Millionen Jahren ausstarben, und vielleicht ist es, wenn die Plage einmal wieder groß ist, tröstlich zu wissen, dass sie bereits einen Triceratops, einen Tyrannosaurus Rex, einen Brachiosaurus oder auch den gefiederten Archaeopteryx stachen – und diese sich kaum gegen den Anflug wehren konnten. Denn irgendwo fand die Mücke immer einen Punkt, an dem der Saurier nicht gepanzert war. Und sie setzte ihnen zu, denn schon damals übertrugen viele Mücken Viren, Bakterien und Parasiten – die Paläobiologen George und Roberta Poinar schreiben in ihrem Buch *What Bugged the Dinosaurs?*, dass »die Kombination von durch Insekten übertragenen Krankheiten und bereits lange verbreiteten Parasiten für die Immunsysteme der Dinosaurier zu viel (wurde)« und dass »mit ihren tödlichen Waffen die Stechinsekten die mächtigsten Raubtiere in der Nahrungskette (waren) und das Schicksal der Dinosaurier lenken (konnten)«. Das ist durchaus reißerisch formuliert, zumal man von Lenken nicht sprechen kann. Denn das würde einen bewussten Akt implizieren, die Mücke macht hingegen das, was ihre Natur ist, was Mücken eben so machen: stechen und Blut saugen und eventuell Viren verbreiten und mit dem Blut ein wenig DNA des Wirts aufnehmen.

Was schließlich einen Hollywood-Blockbuster möglich machte: *Jurassic Park* (1993). Denn in dem Film von Steven Spielberg nach der Romanvorlage von Michael Crichton, der auch das Drehbuch zum Film schrieb, wird einer in Bernstein konservierten Mücke das Blut eines Dinosauriers entnommen, um dann mit Hilfe der so gewonnenen DNA Saurier zu klonen.

Das ist spannende Unterhaltung mit großartigen Spezialeffekten und zwei Fehlern: Zum einen kann sich DNA nicht so lange erhalten, so dass die Nachzucht der Dinosaurier schlicht unmöglich ist, zum anderen ist die im Film gezeigte Mücke ausgerechnet eine derjenigen, die kein Blut saugen.

Egal. Die Mücke hat die Dinosaurier überlebt, auch viele andere Kreaturen und extreme Klimaschwankungen. Sie sticht in Asien, Europa, in Afrika, Australien und den beiden Amerikas. Der einzige Kontinent, auf dem sie nicht zu finden ist, ist die Antarktis. Sie lebt nicht im Hochgebirge, nicht auf Gletschern, trotzdem aber auf Grönland, dort, wo es grün ist, nicht in Bergen über 1500 Metern Höhe, nicht in Trockenwüsten, aber in den Oasen. Sie hat zahlreiche Naturkatastrophen und nicht zuletzt uns Menschen überstanden, die wir mit vielen anderen Tieren und Pflanzen nicht gerade zimperlich umgegangen sind. Mit der Mücke auch nicht. Aber sie hat es überlebt und überlebt es noch. Und sticht.

Schaut man genauer auf eine Mücke, so erblickt man ein Wunder: staksige Geschöpfe mit sechs dünnen Beinen, langen Fühlern und zarten, fast durchsichtigen Flügeln, mitunter schillernd. Feingliedrig, langbeinig, schlank. Etwa zwei bis fünf Milligramm schwer. Ein kugeliger Kopf mit großen Fa-

Zwei Mücken im Gegenlicht. Die linke hat Ihre Blutmahlzeit schon begonnen, die rechte sucht noch eine Einstichstelle.

cettenaugen, ein Stachel, der weit vorragt, ein spitzer hohler Dorn, der unmerklich die Haut durchbohrt und durch den die weibliche Mücke Blut saugt und gleichzeitig ihren Speichel injiziert. Fragile Schönheiten, und man fragt sich unwillkürlich, warum so viel Zerbrechlichkeit, so viel Zartheit, dazu dient, Viren zu übertragen oder zumindest Proteine in die menschliche Blutbahn einzubringen, die beim Menschen Juckreiz und die Ausbildung einer Quaddel auslösen. Falsche Frage, Schönheit und Nützlichkeit hängen nicht zusammen. Und so sticht die Mücke eben.

Die Mücke. Also die weibliche. Denn bei allen stechenden Mückenarten ist eines gleich: Nur die Weibchen stechen. Und sie müssen stechen. Denn sie brauchen eine Blutmahlzeit, um

Die Rheininseln waren denn auch öfters ein Ziel unserer Wasserfahrten. Dort brachten wir ohne Barmherzigkeit die kühlen Bewohner des klaren Rheines in den Kessel, auf den Rost, in das siedende Fett, und hätten uns hier, in den traulichen Fischerhütten, vielleicht mehr als billig angesiedelt, hätten uns nicht die entsetzlichen Rheinschnaken nach einigen Stunden wieder weggetrieben. Über diese unerträgliche Störung einer der schönsten Lustpartien, wo sonst alles glückte, wo die Neigung der Liebenden mit dem guten Erfolge des Unternehmens nur zu wachsen schien, brach ich wirklich, als wir zu früh, ungeschickt und ungelegen nach Hause kamen, in Gegenwart des guten geistlichen Vaters, in gotteslästerliche Reden aus und versicherte, daß diese Schnaken allein mich von dem Gedanken abbringen könnten, als habe ein guter und weiser Gott die Welt erschaffen.

In: Johann Wolfgang Goethe: Dichtung und Wahrheit. Dritter Teil, 11. Buch. Stuttgart 1991, S. 499 f.

ihre eigenen Eier reifen lassen zu können. Und dazu benötigen sie ein bestimmtes Protein, das sie durch das Blut eines anderen Lebewesens aufnehmen. Woher das Blut stammt, ist ihnen egal. Sie sind nicht wählerisch. Sie stechen Säugetiere, sie stechen Vögel, sie stechen Amphibien, sie stechen Reptilien. Das Wildschwein oder einen Rehbock im Wald, eine Amsel oder ein Huhn, eine Kröte oder eine Blindschleiche. Es gibt sogar Mücken, die bei anderen Insekten Blut saugen. Die Bandbreite der Natur ist hier äußerst groß.

Und die Mücken stechen Menschen. Seitdem es Menschen gibt – was im Verhältnis zu der Zeit, die Mücken auf diesem

Planeten existieren, sehr kurz ist. In frühen Zeugnissen berichten die alten Ägypter über Mückenplagen, Friedrich Schiller litt an Malaria, die er sich in der Rheinebene zugezogen hatte, und Johann Wolfang Goethe mokierte sich herrlich darüber, dass ihm die Mücken ein romantisches Treffen mit Friederike Brion – »O liebliche Friedrike, / Dürft ich nach dir zurück, / In einem deiner Blicke, / Liegt Sonnenschein und Glück.« –, der schönen Pfarrerstochter aus Sessenheim im Elsass, vermasselten.

Dieses furchtbare Sirren. Es setzt ein, sobald man im Bett liegt, das Licht gelöscht und vermeintlich Ruhe eingekehrt ist. Es nähert sich langsam, kommt heran, umkreist den Kopf, bohrt sich in den Gehörgang und die Nervenenden. Ein kurzer Schlag auf Stirn oder Ohr. Das Sirren verstummt – und kehrt nach kurzer Zeit wieder zurück. Und nun? Decke über den Kopf, versuchen, schnell einzuschlafen und sich dem Schicksal ergeben? Oder aufstehen, Licht einschalten und auf Jagd gehen? Dieses Buch als Waffe nehmen?

Die Stechmücke und ihre Arten – die Vielfalt der Mückenfamilien

Ich bin in den Wald gegangen, Richtung See. Buchen, Eschen, Eichen, Fichten und Kiefern, den letzten beiden hat der Borkenkäfer ordentlich zugesetzt. In den Senken wachsen Wollgras und Wasserminze. Der Wald ist durchsetzt von Tümpeln. Mit brackigem Wasser, modrig, grün und braun schillernd. Umgestürzte moosige Baumriesen liegen im Wasser, aus dem Federgras in dichten, knubbeligen Büscheln wuchert. Ein Schwanenpaar schwimmt vorüber, ein Schwarzspecht zerklopft einen kahlen Buchenstamm. Es riecht pilzig, würzig. Über dem See tanzen blaue und rote Libellen. Und sofort sind sie da: Mücken. Sie fliegen mich an, setzen sich auf Arm, Hose und T-Shirt, wahrscheinlich auch auf den Nacken, dort, wo ich sie nicht sehe. Ich klaube sie mir von der Hose und zerdrücke sie langsam. Öffne immer wieder die Hände, um zu sehen, ob sie schon tot sind und staune, dass sie nicht versuchen wegzufliegen und zu flüchten, sondern stattdessen probieren, ihren Stachel in meine Handfläche zu stechen. Das langsame Zerdrücken ist nicht die tierfreundlichste Methode, aber die Mückenleichen sollen ja möglichst unbeschädigt sein, wenn ich sie Doreen Werner vorlege. Sie empfiehlt mir später, die Mücken zu fangen, in ein Schraubglas zu packen und dann ins Tiefkühlfach zu stellen. Da würden sie eher sanft entschlafen.

Doreen Werner ist Entomologin am ZALF, dem Leibniz-Zentrum für Agrarlandschaftsforschung. Das liegt in Müncheberg im brandenburgischen Odervorland, etwa 50 Kilometer östlich vom Berliner Stadtzentrum und ungefähr auf halber Strecke zum polnischen Kostrzyn nad Odrą (Küstrin an der Oder). Sie beschäftigt sich mit Insekten, vorwiegend mit Mücken.

Mücken sind wie Fliegen Zweiflügler und werden biologisch deshalb mit diesen in der Gruppe der Diptera zusammengefasst. Die meisten anderen flugfähigen Insekten besitzen vier Flügel, zwei Flügelpaare, die synchron bewegt werden.

Etwa 45 Mückenfamilien gibt es weltweit, davon kommen wie bereits erwähnt 28 in Deutschland vor. Und diese Mückenfamilien teilen sich dann wieder in nahezu unendlich viele Mückenarten auf.

> So mannigfaltig sich auch ihre Verhältnisse in Größe, Körperbildung und Lebensweise gestalten mögen,

ist in *Brehms Tierleben* von 1900 zu lesen,

> so lassen sich doch die Mücken leicht an dem langgestreckten, bei den kleineren Arten ungemein zarten Körper, an den sehr langen, fadenförmigen Beinen, welche kaum die leiseste Berührung vertragen können, ohne auszufallen, an den langen Tastergliedern und den vielgliederigen, oft außerordentlich zierlichen Fühlern erkennen. Die Zahl ihrer Arten ist sehr beträchtlich.

Doreen Werner bestätigt das und sagt, dass man davon ausgehe, dass es über 9000 Mückenarten in allen 28 Familien gebe. Eher mehr, weil viele Arten noch gar nicht beschrieben oder noch gar nicht erkannt seien.

Blut- und Nektarsauger

Differenzieren muss man zwischen den Mücken, die kein Blut saugen, und der Minderheit, die es tun und damit den Ruf dieser Insektengattung so nachhaltig ruinieren. Von den 28 Mückenfamilien in Deutschland gehören wie schon erwähnt nur drei dazu: die der Stechmücken, der Kriebelmücken und der Gnitzen. Von den Gnitzen gibt es 190 Arten in Deutschland, von den Kriebelmücken etwa 50, von den Stechmücken über 50. »Wir schwanken zwischen 52 und 53«, sagt Doreen Werner.

Denn die genaue Bestimmung der Arten und ihre Abgrenzung voneinander sind nicht einfach. Die Männchen einer Art sind meist genau bestimmbar, denn sie besitzen eine Genitalstruktur, die sklerosiert, also verfestigt ist. Diese ist gut erkennbar; sie besitzt zwar Varianten, kann aber eindeutig zugeordnet werden. Man kann auch definieren, bis wohin die Variabilität gehen kann und wo sich die eine Art von einer anderen verwandten oder gar einer ganz neuen Art abgrenzt. Nun gibt es aber sogenannte Komplex- oder Zwillingsarten, bei denen zwar die Männchen unterscheidbar, die Weibchen aber morphologisch, sprich in ihrem äußeren Erscheinungsbild identisch sind. Diese Arten lassen sich dann nur noch genetisch voneinander unterscheiden. Aber, so Doreen Werner: »Es gibt da eine Art, die man genetisch nicht komplett von einer anderen trennen kann. Deshalb sind wir nicht sicher, welche Zahlen wir benutzen sollen, und sagen halt immer: Über 50.«

Alle anderen Mücken sind harmlos. Wie beispielsweise die Zuckmücken (s. S. 26 f.), die oft in den Frühjahrsmonaten in großen Schwärmen auftreten und oft für Stechmücken gehalten werden. Oder Moosmücken, die eher wie kleine Schnaken (Schneider) anmuten, wobei mit Schnaken hier nicht wie in Süddeutschland Stechmücken gemeint sind. Die Moosmücken sieht man häufig abends in der Nähe von Gewässern. Sie ernähren sich überwiegend von Pflanzensäften. Es gibt Stelzmücken mit sehr langen Beinen, kleine Pilzmücken, die meist an feuchten, kühlen und schattigen Orten leben, vor allem in Wäldern oder Sumpfgebieten, die ebenfalls sehr kleinen Schmetterlingsmücken, deren Flügel vergleichsweise groß und oft stark behaart sind, Trauermücken mit dunkler Körperfärbung und dunkel getrübten Flügeln oder auch Wintermücken, die sehr kälteresistent sind und überwiegend in den Wintermonaten oder in großen Höhen vorkommen. Doreen Werner sagt, dass diese Mücken alle verkümmerte Mundwerkzeuge hätten. Es sind Mücken, die gar keine Blutmahlzeit aufnehmen können und diese auch gar nicht brauchen.

Alle Mücken besitzen ein Paar Flügel, das nicht über einen Muskel im Flügel selbst, wie bei Vögeln, sondern indirekt bewegt wird. Wichtig sind zwei Muskeln im Brustkorb, die gegenläufig funktionieren. Der Brustmuskel, der den Brustkorb zusammenzieht, und der dorsoventrale (das heißt vom Rücken zum Bauch hin gelegene) Muskel, der ihn dann wieder dehnt. Zieht sich der Brustmuskel zusammen, passiert zweierlei: Zum einen werden die Flügel, die über ein Gelenk am Brustkorb befestigt sind, nach oben geklappt, zum anderen zieht der Brustkorb an dem dorsoventralen Muskel. Der zieht sich daraufhin zusammen und lässt die Flügel wieder nach unten klappen. So entstehen gegenläufige Reize, die dazu führen, dass die Flügel auf und ab schlagen – ein System, das automatisch abläuft, ohne dass immer neue Nervenimpulse erforderlich sind.

Das zweite Flügelpaar, das Insekten normalerweise besitzen, hat sich bei den Mücken zu den sogenannten Schwingkölbchen oder Halteren entwickelt. Diese bewegen sich im Gegentakt zu den Flügeln und dienen als Gleichgewichtsorgane der Mücke dazu, ihre Lage im Flug zu stabilisieren. Dieses Gleichgewichtsorgan ist allerdings empfindlich – und zwar bei Nebel: Während Mücken auch bei Regen umherfliegen und ihnen eine Kollision mit einem ungleich größeren und schwereren Regentropfen nicht schadet – sie wird nur kurzfristig aus der Bahn geworfen –, irritieren die feinen Wassertröpfchen des Nebels die Sinnesorgane der Mücke so sehr, dass sie komplett ausfallen: Sie können die vielen tausend, mit jedem Tröpfchen verbundenen Sinneseindrücke nicht mehr verarbeiten, und deshalb kann die Mücke nicht mehr ihre eigenen Flugbewegungen koordinieren.

Einige Sinnesorgane der Mücken sind hochentwickelt. Sie können gut riechen, hören und auch Wärme registrieren. Die Sinnesorgane sitzen am Kopf an den langen Fühlern. Die Antennen besitzen überall sogenannte Rezeptoren, die kleinste Duftmoleküle erfassen können. Der Gesichtssinn mit den Facettenaugen ist dagegen eher schwach ausgeprägt.

Mücken stechen nicht aus purem Vergnügen oder um uns zu ärgern. Sie tun es, weil sie es tun müssen. Und auch nur die Weibchen stechen. Und auch noch dabei gibt es Unterschiede: »Es gibt Mücken, die sind«, so Doreen Werner, »scheu und lassen sich kurzzeitig vertreiben. Die gemeine Hausmücke beispielsweise, die uns im Schlafzimmer mit ihrem lieblichen

Summton um den Schlaf bringt.« Man kann auf die Bettdecke schlagen oder in die Luft und so die Mücke für ein paar Minuten verscheuchen. Dann fliegt sie uns wieder an, und wir werden langsam wahnsinnig. Ganz langsam. Es gibt aber auch Mückenarten, die sich anders verhalten. Doreen Werner nennt sie »kleine Kamikazeflieger«. Mücken, die gar nicht die Zeit haben, so zögerlich zu sein:

> Das sind meistens die sogenannten Überschwemmungsmücken. Die haben schon einen extremen Druck, die Zeit der Überschwemmung optimal für ihre Reproduktion zu nutzen. Die denken nicht darüber nach, ob sie zögerlich anfliegen sollten oder nicht. Die fliegen an, hauen ihren Stechrüssel rein, nehmen die Blutmahlzeit und sind wieder weg.

Bei der zögerlicheren Hausmücke sieht das anders aus. Sie sticht vor allem während der Dämmerung und nachts. Sie landet auf dem Arm, dem Nacken oder dem Fußknöchel, wartet kurz, sucht eine Hautstelle mit einem darunter liegenden Blutgefäß – sie findet es mit Hilfe ihrer Sinnesorgane, die auf Temperatur, Geruch, Geschmack und Tastreize ansprechen. Dann setzt sie die Enden der Unterlippe auf die Haut und bohrt ihren Saugrüssel tief in diese hinein; die winzige Verletzung ist meist nicht zu spüren, es sei denn, der Rüssel trifft sehr zufällig einen Schmerznerv. Die Mücke saugt das Blut, das durch den gleichzeitig abgegebenen Mückenspeichel verdünnt wird. Dem menschlichen Organismus passt dieser Mückenspeichel gar nicht. Denn dieser Speichel enthält Proteine, auf die unser Immunsystem allergisch reagiert. Also schüttet es Histamine aus und weitet die Blutgefäße. Das sorgt für die Schwellung – und den Juckreiz.

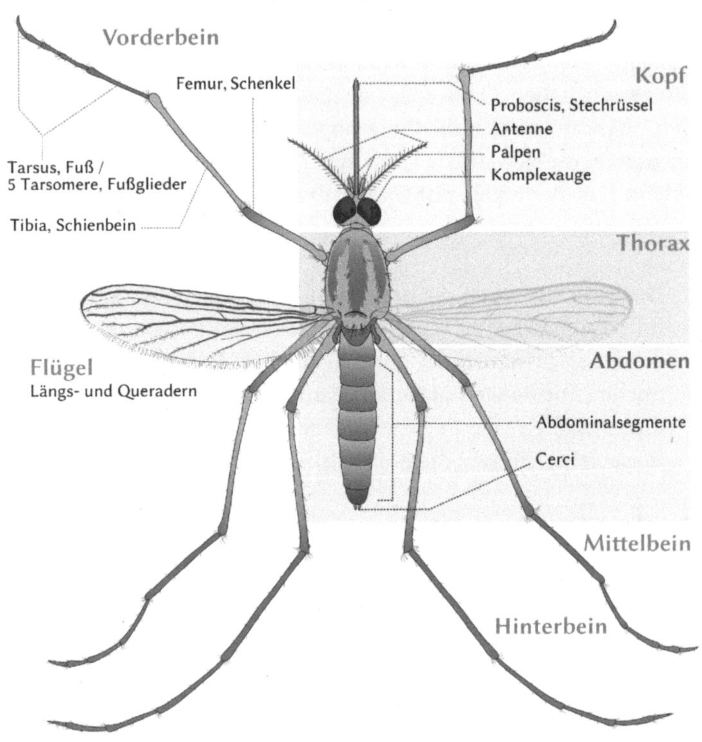

Aufbau einer erwachsenen, weiblichen Mücke (*Culex pipiens*)

Die Mücke muss aber ihren Speichel abgeben, denn das Blut des Opfers darf nicht gerinnen. Ansonsten würde der Saugrüssel während der Blutmahlzeit verstopfen. Hat man die Geduld und guckt dabei zu, sieht man, wie der Hinterleib der Mücke dicker wird, und durch die dünne Haut ist deutlich eine Rotfärbung des Körpers zu erkennen. Das Blut des Opfers, was auch jeder mal gesehen hat, wenn er die Mücke während (leider zu spät) oder kurz nach der Blutmahlzeit erschlägt. Dann findet sich ein roter Fleck auf Wand oder Kopfkissen. Etwa drei Tage braucht die Mücke, um eine Blutmahlzeit zu verdauen.

So viel Blut saugen Mücken übrigens gar nicht: pro Stich etwa fünf Milligramm – das entspricht ziemlich genau dem Körpergewicht einer Mücke. Sie kann allerdings durchaus dreimal so viel Blut aufnehmen – ein chemisches Signal unterbricht aber irgendwann den Saugreflex, sonst würde die Mücke Blut saugen, bis sie platzt. Da der Mensch über 4,5 bis 6 Liter Blut verfügt, bräuchte es 900 000 bis 1,2 Millionen Mücken, die über ihn herfallen, um ihn leer zu saugen. Das passiert selbst in der Uckermark nicht.

Bei allen Mückenarten ist es so, dass die Männchen kein Blut saugen. Ihr Stachel ist kürzer und für einen Stich ungeeignet; er dient zum Aufsaugen von Flüssigkeiten. Sie saugen Pflanzensäfte und Nektar; dass sie dabei Pflanzen bestäuben, wird vermutet.

Mückenbestimmung

Doreen Werner nimmt mir die Streichholzschachtel mit den fünf Mücken ab und legt die Insekten unter das Mikroskop. Sie schaut drei Sekunden: »Ich hab es vermutet. Das sind typische Waldmücken. Die sind Weibchen aus der *Annulipes*-Gruppe.« Drei Sekunden hat sie gebraucht, meine mitgebrachten Mücken zuzuordnen. Als Insektenforscherin muss man genau hinschauen können. »Das ist auch wieder eine Art, die nicht so schüchtern ist.«

Mit »nicht so schüchtern« meint Doreen Werner, dass diese Waldmücken sehr aggressive Anflieger sind, sich nicht abschütteln lassen, unbedingt ihre Blutmahlzeit einholen wollen.

> Wenn im Frühjahr die Bruthabitate voll sind und sich wirklich Hunderte oder Tausende von Mücken entwickeln, dann möchte man nicht das Wildschwein sein, das dort im Wald lebt. Es wird von Hunderten von Mücken angeflogen.

Die meisten Arten der Wald- und Wiesenmücken bringen pro Jahr nur eine Generation hervor, nämlich im Frühjahr. Sie sind – wie die Wissenschaft sagt – univoltine Mücken, anders als die bivoltinen oder multivoltinen Mücken, die zwei oder mehr Generationen pro Jahr hervorbringen. Doreen Werner:

> Die Mücke versucht unbedingt, ihre Art zu erhalten, mit allen Mitteln ihren Lebenszyklus zu vollenden, und möglicherweise hat sie das Gefühl, dass sie die Einzige ist, die das Überleben sichern kann. So kämpft sie dann auch um ihr (Über-)Leben und versucht noch eine Blutmahlzeit zu bekommen, um ihre Eier ablegen zu können.

Der Vorteil für das Wildschwein oder auch für uns Menschen: Ab dem Spätsommer ist die Wald- und Wiesenmückensaison vorbei.

Die Hausmücke, die sich vertreiben lässt, ist hingegen eine multivoltine Mücke. Sie sorgt von Frühjahr bis weit in den Herbst für Nachkommen. Nach den Frostnächten im März kommt sie aus ihrem Winterquartier, sticht, holt sich ihr Blut und legt erste Eipakete ab. Das sind etwa 300 Eier pro Mückenweibchen, aus denen – geht man von einem Geschlechterver-

Gemeine Stechmücke

Gemein ist doppeldeutig. Einmal als allgemein oder gewöhnlich zu verstehen, zum anderen als bösartig. Die Gemeine Stechmücke, auch Nördliche Hausmücke, die wissenschaftlich *Culex pipiens* heißt, ist beides – jedenfalls für das menschliche Empfinden. Sie ist weltweit verbreitet und in Deutschland und Europa eine der häufigsten Arten in der Familie der Stechmücken. Ihr schlanker Körper ist zwischen drei und sieben Millimeter lang, die Flügel sind eher schmal, die Beine sehr lang mit mehreren Gliedern. Der Körper ist nach hinten dunkelbraun und weiß, die langen Fühler sind gefiedert. Wie bei allen Stechmücken saugen nur die Weibchen Blut und suchen gern nachts in Wohnungen und Häusern ihren Wirt. Die Weibchen besitzen einen langen Stechrüssel, der etwa einem Drittel ihrer gesamten Körperlänge entspricht. Die Männchen verfügen hingegen nur über einen wesentlich kürzeren Rüssel, mit dem sie Nektar und Pflanzensäfte aufsaugen.

Die kleine Mücke ist gut an das Leben als Hausmücke angepasst. Die befruchteten Weibchen überwintern gern in Kellern, Ställen, Scheunen und anderen leicht feuchten und nicht zu kalten Räumen. Dabei machen ihnen auch wirklich kalte Temperaturen von bis zu minus 20 Grad Celsius wenig aus: Sie fallen in eine Art Kältestarre und scheiden überflüssige Körperflüssigkeit aus. In die verbleibende wird ein Zucker eingebaut, der dann wie ein Frostschutzmittel wirkt. Im Frühjahr legt die Mücke ihre Eier in Paketen von 200 bis 300 Stück auf einer Wasseroberfläche ab und stirbt dann. Doch mit der Eiablage ist die Generationenfolge gewährleistet. Auch tagsüber versteckt sich die Gemeine Stechmücke gern an kühleren, dunklen Orten; sie fällt dann in einen schlafähnlichen Zustand.

hältnis von eins zu eins aus – 150 Weibchen schlüpfen. Die leben dann vier bis sechs Wochen, stechen dabei pro Woche etwa einmal zu und legen dann jeweils nach der Blutmahlzeit selbst etwa 300 Eier. Also etwa 1800 insgesamt in ihrem Leben, aus denen 900 Weibchen schlüpfen können. Und so weiter. Glücklicherweise ist das nur die Theorie. Im wirklichen Leben klappt das nicht immer so gut, denn die eine oder andere Hausmücke überlebt den Stichversuch nicht. Stechmücken sind nicht sonderlich schnell, weder in ihrer Reaktionszeit noch in ihrer Fluggeschwindigkeit – sie würden 3,2 Kilometer in der Stunde schaffen, jeder Spaziergänger könnte ihnen entkommen. Zum Vergleich: Eine normale Stubenfliege ist doppelt so schnell – da müsste man schon joggen. Zudem legt die Hausmücke ihre Eier immer auf Wasseroberflächen ab. Und Wasser lässt sich ausgießen.

Und dennoch baut sich die Hausmückenpopulation im Laufe der Monate auf, bis sie im Hochsommer, also im Juli und August, ihr Maximum erreicht. Mit den sinkenden Temperaturen wird auch die Reproduktion der Mücken wieder träger, und im Oktober oder November, je nach Temperatur, beziehen sie dann ihr Winterquartier.

Ei, Larve, Puppe, Imago – das Leben der Stechmücke

Der Lebenszyklus einer Stechmücke ist durch vier unterschiedliche Entwicklungsstadien gekennzeichnet – sie entwickelt sich vom Ei über die Larve zur Puppe und dann zum sogenannten Imago, dem adulten Insekt.

Die weibliche Mücke legt ihre befruchteten Eier – je nach Art zwischen 30 und 300 – entweder in Paketen oder einzeln in der Nähe oder auf dem Wasser ab, meist auf oder an einem stehenden Gewässer. Das müssen keine großen Wasserflächen sein, es kann sich auch um Wasser in Baumhöhlen, ausgehöhlten Steinen oder in Gießkannen handeln. Das Weibchen setzt sich, so beschreibt *Brehms Tierleben* von 1900 die Eiablage,

> an einen Pflanzenteil, von welchem aus es mit der Hinterleibsspitze das Wasser erreicht, oder auf einen schwimmenden Gegenstand, kreuzt seine Hinterbeine in Form eines X übereinander und beginnt nun die gestreckten, nach oben gespitzten, nach unten breiteren Eier zu legen, welche mit ihrer klebrigen Oberfläche senkrecht aneinander halten. Endlich ist ein kleines, vorn und hinten zugespitztes, plattes Boot flott, welches 250–300 Eier zusammensetzen.

Viele Stechmückeneier sind trockenheitsresistent und können auch auf ausgetrockneten Flächen teils jahrelang überleben. Überschwemmungsmücken legen ihre Eier beispielsweise in Feuchtbiotopen ab, die hin und wieder trockenfallen – auch, um so ihre Eier überwintern zu lassen. Das müssen nicht Flussauen oder Seeufer sein, sondern kann auch eine Vertiefung in einem Waldgebiet sein, in dem die Wasserstände schwanken.

Dieses Schwanken ist wichtig, denn die weibliche Mücke legt die Eier normalerweise ins Trockene. Das heißt, sie weiß genau, wo sich im nächsten Frühjahr oder nach dem nächsten Regenguss Wasserstände bilden – woher sie das weiß, ist der Wissenschaft noch nicht bekannt. Erst wenn die Eier mit Wasser in Kontakt kommen, schlüpfen die Larven, und auch das nur, wenn das Wasser sauerstoffarm und mindestens sechs Grad Celsius warm ist. Beides sorgt für die Kontraktion eines Muskels der Larve, der den Schlüpfzahn – einen spitzen Dorn am Kopf der Larve – gegen die Eihülle drückt. Das geschieht in der Regel nach drei bis fünf feuchten Tagen. Hausmücken hingegen legen ihre Eier auf der Wasseroberfläche ab. Die Larven schlüpfen in das Wasser hinein. Legen Hausmücken ihre Eier aufs Trockene, vertrocknen diese. So findet jede Art ihre ökologische Nische.

Die Larven durchlaufen vier Stadien, in denen sie vor allem an Größe zunehmen. Sie häuten sich dabei viermal, daher resultieren die unterschiedlichen Larvenstadien. Mückenlarven sind in der Regentonne leicht zu erkennen: Sie sehen wie kleine Würmer aus, die sich knapp unter der Wasseroberfläche aufhalten. Nähert man sich ihnen, tauchen sie schlängelnd in die Tiefe, kehren aber nach einiger Zeit wieder an die Oberfläche zurück. Denn sie leben zwar im Wasser unter der Wasseroberfläche, müssen aber Luft atmen. Dafür haben sie unterschiedliche Techniken entwickelt. Manche besitzen am Hinterleib ein Atemrohr, andere eine Atemöffnung am Hinterleib, wieder andere ziehen die Atemluft aus den luftgefüllten Interzellularräumen von Pflanzen und können sich so weit unterhalb der Wasseroberfläche entwickeln. Mückenlarven ernähren sich von Mikroorganismen und zerfallenden organischen Substanzen, manche Arten fressen auch die Larven anderer

Mücken, im Kern hängt das vom gesamten Nahrungsangebot ab, das den Larven zur Verfügung steht. Jede Mückenlarve soll einen Liter Wasser am Tag filtern – setzt man Mückenlarven in ein Becken mit Grünalgen, kann man sehen, wie sich das Wasser im Laufe der Tage klärt.

Wie lange das Larvenstadium dauert, ist ebenfalls vom Nahrungsangebot abhängig sowie von der Temperatur des Wassers. Bei der vierten Larvenhäutung schlüpft die Puppe, und anders als bei vielen Insekten, bei denen die Puppen in einem starren Kokon ausharren, sind die Puppen der Stechmücke weiterhin beweglich und können schnell von der Wasseroberfläche abtauchen. Sie treiben normalerweise unter der Wasseroberfläche und atmen durch zwei kleine Atemröhrchen, Nahrung nehmen sie nicht mehr auf. Das Puppenstadium dauert bei der Stechmücke nur wenige Tage. Die Puppenhaut reißt schließlich am Rücken auf, und das erwachsene Insekt, das Imago, schlüpft heraus. »Es arbeiten sich sechs lange Beine hervor, ein schmächtiger, zweiflügeliger Leib folgt nach«, heißt es in *Brehms Tierleben.* Das Ganze dauert etwa drei bis fünf Minuten, dann ist die Verwandlung von schwerfälliger Puppe in die fragile Mücke vollzogen.

Bis sich aus dem Ei eine ausgewachsene Mücke entwickelt, vergehen etwa drei Wochen, wobei das Tempo von der Außentemperatur abhängt. Männliche Mücken schlüpfen etwas früher als die Weibchen. Sobald die Mücken flugfähig sind, sind sie auch zur Fortpflanzung bereit. Männliche Mücken können weibliche Mücken und weibliche die männlichen am Fluggeräusch erkennen: Die Flügelschlagfrequenz des Mückenweibchens beträgt etwa 100 bis 800 Hertz, beim Männchen sind es 300 oder 600 Hertz – zum Vergleich: Der niedrigste Ton, den Menschen hören können, liegt bei etwa 20

Lebenszyklus
—— einer Stechmücke ——

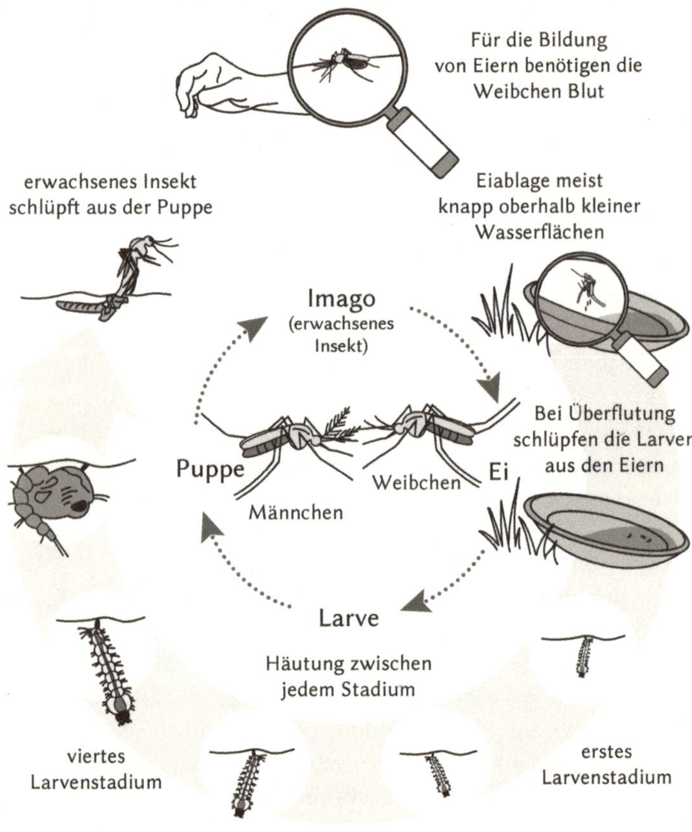

drittes Larvenstadium zweites Larvenstadium

Hertz, der sogenannte Kammerton eines Sinfonieorchesters, die Tonhöhe, auf die Instrumente gestimmt werden, liegt bei 440 Hertz, in deutschen und österreichischen Sinfonieorchestern geringfügig höher. Gnitzen erreichen mit ihren Flügeln sogar eine Frequenz von 1000 Hertz. Einige Arten scheinen überdies am Ton erkennen zu können, ob sie ein gegengeschlechtliches Exemplar ihrer eigenen oder einer fremden, aber sehr eng verwandten Art vor sich haben – deshalb paaren sich nahe verwandte Arten wie beispielsweise die Ägyptische Tigermücke (Gelbfiebermücke) und die Asiatische Tigermücke nicht.

Die weiblichen Mücken werden bei den meisten Arten von den großen, auf und ab tanzenden Schwärmen der männlichen Mücken angelockt. Die Schwärme bilden sich in der Dämmerung über erhöhten Punkten in der Landschaft; das kann ein Baum sein, ein Strauch, ein Turm oder auch ein Mensch, der zwischen Feldern spazieren geht. Die Weibchen reagieren auf den Flügelton, fliegen in den Schwarm hinein und locken dann ihrerseits die Männchen mit ihrem Flügelton, der bei diesen sofort eine Begattungsreaktion auslöst. Die Mücken nehmen mit feinen Härchen an ihren Antennen die Vibrationen der Luft und damit auch Schall wahr. Wissenschaftler:innen haben nachgewiesen, dass, wenn man die Tonhöhe mit einer Stimmgabel trifft, sich bei Mückenmännchen unwillkürlich eine Paarungsreaktion zeigt. Die Männchen fliegen die Weibchen an, packen diese, und noch im Flug beginnt die Begattung, die je nach Art dann außerhalb des Schwarms und auf der Erde vollendet wird.

Die größten Schwärme bilden die Zuckmücken. *Brehms Tierleben* berichtete:

Zuckmücke

Die bis zu 14 Millimeter großen Mücken sind auch als Tanz- oder Schwarmmücken bekannt, weil sie oft in großen Gruppen auftreten. Sie sind weltweit verbreitet und bewegen aus noch unbekannten Gründen auch in Ruhestellung ihre Vorderbeine oft ruckartig nach vorn – sie zucken ständig, und daher stammt auch ihr Name.

Zuckmücken, wissenschaftlich *Chironomidae* genannt, sind nichtblutsaugende Mücken. Sie ernähren sich vorwiegend von Nektar und Honigtau. Ihre Lebensspanne als ausgewachsene Mücke ist kurz; sie beträgt nur wenige Tage.

Zuckmücken spielen – egal ob als adulte ausgewachsene Mücke oder ob im Larvenstadium – eine wichtige Rolle in der Nahrungskette. Die Larven dienen vielen Fischen und Molchen als bevorzuge Nahrung, vor allem zu Zeiten, in denen noch nicht so viele andere Nahrungsquellen zur Verfügung stehen. Die ausgewachsenen Mücken werden von

Die Jahrbücher [berichten] von Mücken, welche sich 1736 in England in so unermeßlichen Schwärmen säulenartig in der Nähe eines Kirchturms bewegten, daß sie von vielen Leuten für eine Rauchsäule gehalten wurden. Ganz dieselbe Erscheinung beobachtete man im Juli 1812 in der schlesischen Stadt Sagan und am 20. August 1859 in Neubrandenburg, wo ein Mückenschwarm dicht unter dem Kreuze des Marienkirchturmes in einer Höhe von fast 300 Fuß spielte, so daß er, von unten gesehen, einer dünnen, in steter Wallung begriffenen Rauchwolke glich.

vielen Vögeln gefangen und dann an die frisch geschlüpften Jungvögel verfüttert.

Die großen Schwärme der Zuckmücken bestehen meist aus männlichen Tieren. Sie tanzen darin umeinander, der Summton, der dabei entsteht, lockt die weiblichen Tiere an. Diese legen ihre Eier meistens in der Dämmerung oder in der Nacht ab, manche Arten direkt ins tiefe Wasser, andere kleben ihre Eiballen an Treibgut oder legen sie an den Ufern von stehenden oder fließenden Gewässern ab. Die Zuckmückenschwärme können bei entsprechenden Temperaturen und guter Thermik sehr hoch steigen, bei kühlem, windigem oder feuchtem Wetter sind sie eher in Bodennähe zu finden. Als Indikatoren, wo sich die Schwärme gerade aufhalten, sind Schwalben hilfreich: Denn sie fressen bevorzugt Zuckmücken. Und so müsste man die alte Regel, dass das Wetter, wenn die Schwalben hoch fliegen, gut werde, und eher schlecht, wenn sie tief fliegen, eigentlich ändern. Die Schwalben sind nur sekundäre Indikatoren, sie sind aber einfach besser auf die Entfernung zu sehen.

Wie alt Mücken werden, ist übrigens schwer zu bestimmen, da eine Beobachtung in freier Wildbahn nicht möglich ist und das Leben von Mücken unter Laborbedingungen davon sehr stark abweichen kann. Schätzungen sprechen bei den Stechmücken von einer bis zu sechs Wochen, bei Zuckmücken von maximal zwei Wochen. Die Männchen sterben meist deutlich früher als die Weibchen, oft kurz nach der Begattung.

Der Mückenatlas

Am ZALF in Müncheberg zieht Doreen Werner einen Insektenkasten aus dem Schrank. Dutzende dieser Kästen sind da wie Schubladen hineingeschoben, und in jedem Kasten finden sich aufgespießte Mücken. Immer 20 Arten pro Kasten, von jeder Art fünf oder sechs Individuen. Mit Zetteln versehen, wo und wann gefangen. Für den Laien sehen sie auf den ersten, zweiten und vielleicht auch dritten Blick gleich aus, Doreen Werner erkennt sofort die Unterschiede. Sie zeigt auf ein aufgespießtes Mückenexemplar:

> Das ist zum Beispiel die größte einheimische Stechmücke. Die heißt auf Deutsch Ringelschnake, und im Vergleich zur Asiatischen Tigermücke ist das ein Riese, denn die Asiatische Tigermücke ist extrem klein. Aber auch diese Mücke hat geringelte Beine, und da die Menschen diese Mücke auf Grund ihrer Größe natürlich registrieren und auch mit bloßem Auge die Beinringelung sehen, denken sie, sie haben eine Tigermücke vor sich. Dass die Tigermücke so klein ist und normalerweise nur vier bis fünf Millimeter groß wird, das vermuten die meisten Leute gar nicht.

Die Ringelschnake bekommt Doreen Werner deshalb häufig zu sehen. Sie liegt in Streichholzschachteln, in kleinen Döschen, auch schon mal in Gläschen in einem gefütterten Briefumschlag – getötet und eingeschickt von fleißigen Mückensammler:innen. Andere Arten natürlich auch, und Doreen Werner freut sich über jede einzelne Mücke, die morgens in der Post ist. Denn sie betreut am ZALF den deutschen Mückenatlas, ein *Citizen Science*-Projekt, dass es seit 2012 gibt.

»Wir registrierten 2006 in Deutschland eine Tierseuche, mit der keiner gerechnet hat«, erzählt Doreen Werner. »Das war die Blauzungenkrankheit, und die Überträger des Blauzungenvirus sind blutsaugende Mücken aus der Familie der Gnitzen.« Damit stand plötzlich die Frage im Raum, welche Krankheiten Stechmücken in unseren Breiten übertragen könnten. Doch ein Problem existierte: Es war unklar, wo welche Stechmückenarten in Deutschland überhaupt vorkommen. Deshalb erhielten das Bundesforschungsinstitut für Tiergesundheit, das Friedrich-Loeffler-Institut und Doreen Werners Arbeitsgruppe am Leibniz-Zentrum den Auftrag, ein Stechmückenmonitoring durchzuführen, um herauszufinden, wie sich durch Mücken übertragbare Krankheitserreger in Deutschland verbreiten können.

So wurden von Husum bis nach Berchtesgaden, von der Eifel bis nach Görlitz spezielle Stechmückenfallen aufgestellt, allerdings nur insgesamt 128 Stück, die zudem noch ziemlich betreuungsintensiv waren. Und mit diesen vergleichsweise wenigen Fallen war es, selbst wenn man sie über mehrere Jahre betrieben hätte, nicht möglich, wirklich detaillierte Verbreitungskarten für die einzelnen Mückenarten zu erstellen.

> Nachdem wir bereits 2011 die ersten Asiatischen Tigermücken gefunden und diese Funde veröffentlicht haben, gab es eine enorme Resonanz aus der Bevölkerung. Die Menschen haben gefragt, ob sie uns unterstützen könnten, oder haben behauptet, dass in ihren Gärten bereits Tigermücken seien.

So entstand die Idee, den Mückenatlas aufzusetzen, um interessierten Bürger:innen eine Möglichkeit zu bieten, an der Forschung teilzunehmen.

Die Erwartungen waren nicht hoch – zehn oder zwanzig Einsendungen pro Jahr –, doch nachdem das Projekt online gegangen war, kamen die Mücken nach Müncheberg – die einen per Post, andere gibt es in der wasserreichen Region sowieso zuhauf: Bereits im ersten Jahr waren es über 2000 Einsendungen mit mehr als 6000 Mücken. Über die Jahre hinweg sind es weit über 200 000 Mücken geworden, und das Interesse an diesem Projekt ist ungebrochen. Die Motivationen der Mückeneinsender sind unterschiedlich: Die einen möchten wissen, was in ihren Gärten kreucht und fleucht, die anderen, was sie gegen Mückenpopulationen unternehmen können, andere machen sich Sorgen, weil ihr Kind von der entsprechenden Mücke gestochen wurde. Wieder andere sind Hobbyentomologen und wollen an wissenschaftlichen Forschungsfragen mitarbeiten.

Durch den Mückenatlas weiß man detailliert, wo welche Mückenart verbreitet ist. Bringt man dieses Wissen mit dem vom Aufenthaltsort von Reiserückkehrern, die sich mit tropischen Krankheitserregern infiziert haben und deren Aufenthaltsort vom Robert Koch-Institut erfasst wurde, zusammen, kann man Vorsorge dafür treffen, dass die infizierten Reiserückkehrer und die Mücken, die potentiell diese Viren übertragen können, nicht zusammentreffen.

»Wir bitten darum, dass die Leute in ihrem persönlichen Umfeld Mücken einfangen«, sagt Doreen Werner, »egal ob von der Wohnzimmerdecke oder beim Grillabend.« Die steckt man in ein Glas und packt das über Nacht ins Gefrierfach, damit die Mücke stirbt. Und dann schickt man die Mücke zusammen mit dem Einsendeformular an das ZALF (Leibniz-Zentrum für Agrarlandschaftsforschung e.V., »Mückenatlas«, Eberswalder Straße 84, 15374 Müncheberg). Auf dem Einsendeformular muss stehen, wann und wo die Mücke gefangen wurde – das Formular findet sich unter www.Mueckenatlas. Com/mueckenjaeger-werden. »Und natürlich benötigen wir die Kontaktdaten des Einsenders, weil jeder Einsender von uns eine persönliche Rückmeldung bekommt, welche Mücke er eingeschickt hat und was er gegebenenfalls gegen das Auftreten der Mücken in seinem Umfeld machen kann.«

In den Sommermonaten erreichen täglich etwa 80 bis 100 Mückeneinsendungen das ZALF. Alle Mücken gehen durch Doreen Werners Hände, sie werden von ihr bestimmt – erhalten sozusagen ein Namensschild, werden als Datensatz in diese nationale Mückendatenbank eingetragen und gelangen in die nationale Referenzsammlung.

Und jeder Einsender erhält nach diesem Procedere eine E-Mail mit Beschreibung »seiner« Mücken und ggf. Handlungsempfehlungen. Bei mir sah das so aus:

> Wir freuen uns, dass Sie sich an unserem Projekt Mückenatlas beteiligen, und bedanken uns herzlich für die Zusendung Ihres Fanges vom 29.5.2022. Sie haben uns fünf Stechmückenweibchen der *Aedes annulipes*-Gruppe eingeschickt. Diese sind in allen Wasseransammlungen zu finden, die im Wald- und Wiesen- und auch im Überflutungsbereich von Bächen, Flüssen und Seen angestaut werden.

Aedes annulipes – »eine typische Waldmücke«, wie Doreen Werner mir auch sagte. Es sei eine Frühjahrsart, die glücklicherweise nur eine Generation im Jahr hervorbringt. »Sie dürfen sich jetzt dran freuen und dürfen sich nächstes Jahr mit Sicherheit wieder daran erfreuen.«

Mückenstiche

Ich hätte ja gar nichts gegen eine kleine Blutspende. Von mir aus könnte ich mir vor dem Abend draußen im Garten oder dem Waldspaziergang ein, zwei oder auch drei Tropfen Blut abzapfen und in ein Schälchen tropfen lassen. Dann könnten sich die Mücken daran bedienen. Somit entfiele die lästige Stecherei – und das Jucken. Hört gut zu, Mücken, das Angebot steht. Es wäre auch weniger riskant für euch.

Was Mücken anzieht – wer gestochen wird

Süßes Blut, hieß es früher. Wer süßes Blut habe, werde eher gestochen. Das sollte vielleicht tröstlich für die Mückenopfer sein, aber in Wirklichkeit spielt der Zuckergehalt des Blutes keine Rolle bei der Opferwahl durch die Mücke. Es gibt Studien, die davon sprechen, dass die Blutgruppe einen Einfluss besitze, Null wird denen zufolge am häufigsten gestochen, aber vor allem ist unsere Atmung entscheidend.

Denn Kohlendioxid zieht die Mücke als Erstes an, weswegen man vor allem dann gestochen wird, wenn man gerade vom Laufen kommt und im Garten noch, schnell atmend, ver-

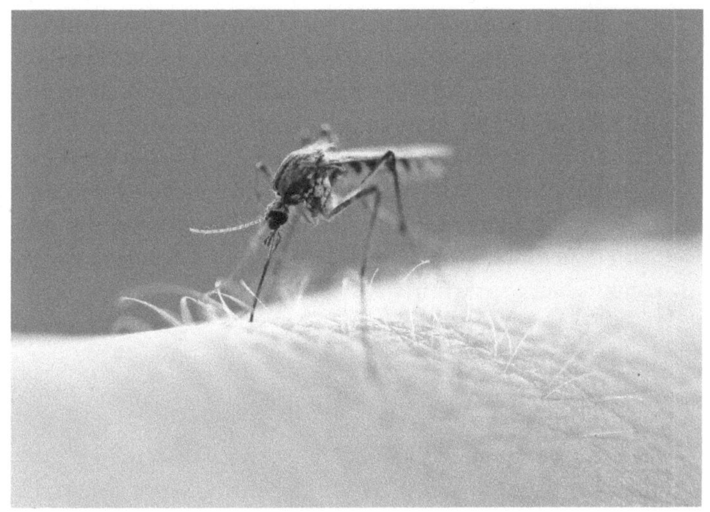

Gleich wird es jucken: Die Mücke hat ihren Stechrüssel schon in der Haut versenkt.

schnaufen möchte. Auch die abgestrahlte Körperwärme zieht die Mücken dann an. Zudem gibt es noch einige kleinere Faktoren, die dafür sorgen, dass ich gestochen werde und nicht der- oder diejenige, der oder die bei der Sommerparty neben mir sitzt: feine Komponenten des Geruchs und des Schweißes, nichts, was für die menschliche Nase wahrnehmbar ist. Für die Stechmücken ergibt das einen sehr attraktiven, unwiderstehlichen Cocktail an Sinneseindrücken, der sie sofort dazu bringt, mich anzufliegen und ihren Rüssel möglichst tief in meine Handgelenke, Finger- oder Fußknöchel oder schlicht in meinen Rücken zu versenken. Auch das Glas Wein freut die Mücke – sie stechen, so wurde in Laborversuchen nachgewiesen, eher betrunkene als nüchterne Menschen. Die Mücken nehmen dann beim Blutsaugen auch Alkohol mit auf. In Laborversuchen wurden schon betrunkene Mücken beobachtet, und die benehmen sich dann wie alle Lebewesen im Rausch: unkoordiniert, sie schwanken und torkeln und fallen sogar um. Absolute Abstinenz schützt übrigens leider nicht vor Stichen.

Die Farbe meiner Kleidung ist dabei egal, auch wenn angeblich Hell-Dunkel-Kontraste Mücken besonders anziehen. Sie kommen auch so zu mir.

Und was vor Stichen schützt

Schutz dagegen gibt es kaum. Die Atmung kann man ja nicht abstellen, aber Doreen Werner empfiehlt, sich vor dem Grillabend vielleicht mit Kernseife zu duschen und so den Duftmantel der Haut herunterzuwaschen. »Jeder kann das ausprobieren. Wenn er aus der Sauna kommt und sich in einen Mückenschwarm stellt, fliegen die Mücken ihn nicht an, wenn er gleichzeitig nicht atmet.« Bloß dass man das leider nicht lange durchhalten kann.

Ansonsten helfen Repellentien, also Mückenabwehrmittel, die man individuell ausprobieren sollte. Einige Gerüche mögen Mücken eher nicht. Zitrusfrüchte, Lavendel, Eukalyptus und Zedernholz helfen bedingt – Mittel mit den entsprechenden ätherischen Ölen, die auf die Haut aufgetragen werden, halten aber meist nur kurzfristig Mücken fern und müssen häufig neu aufgetragen werden. Armbänder mit solchen Ölen helfen nur denjenigen, die sie verkaufen, ähnlich wie Duftkerzen und Öllämpchen oder tragbare Geräte, die unter anderem versprechen, Mücken durch Schallwellen zu vertreiben. Sie sind nutzlos, denn Mücken haben ein schlechtes Gehör. Die Ultraschallwellen stören angeblich das Nervensystem der Mücken und vertreiben sie so, aber die meisten Mücken nehmen den Schall gar nicht wahr.

Manchen Menschen reicht vielleicht schon, sich mit bestimmten ätherischen Ölen einzureiben, andere brauchen Chemie. Das Ergebnis zahlreicher Studien ist: Sprays mit den Wirkstoffen Diethyltoluamid (DEET), Para-Menthan-3,8-diol (PMD) und Icaridin helfen am besten und längsten. Allerdings kann DEET Allergien hervorrufen und sollte von schwangeren Frauen, in der Stillzeit und bei Kindern unter zwei Jahren nicht angewendet werden, zudem kann es einige Kunststoffe, Kunstfasern und Leder angreifen. Die Stiftung Warentest empfiehlt in nicht malariagefährdeten Gebieten in Deutschland und Europa den Wirkstoff Icaridin, zumal er zusätzlich vor Zecken schützt.

Licht zieht Mücken an, aber besonders Licht, das einen recht hohen, wenn auch für den Menschen nicht wahrnehmbaren UV-Anteil besitzt. Besser sind Lampen mit hohem Gelb-, Orange- und Rotanteil. Sie wirken weniger anziehend auf Mücken. LED-Lampen strahlen kein UV-Licht aus; sie sparen also nicht nur Strom, sondern schützen auch ein wenig vor Mückenanflug. Dazu dann noch die passende Musik, denn laut einer in dem tropenmedizinischen Journal *Acta Tropica* veröffentlichten Studie lassen sich Moskitos von Musik beeinflussen. Musik helfe generell, weil die Mücken dann insgesamt später zustechen würden, bei hochfrequenter Musik sei dieser Effekt am größten. So hätten Moskitos nach dem Musikstück »Scary Monsters and Nice Sprites« des Electro-DJs Skrillex mehrere Minuten gebraucht, um ihren Wirt, einen Goldhamster, zu stechen. Aber am Ende taten sie es eben doch – wummernde Elektrobeats sind als Repellentien doch nur wenig brauchbar.

Und nachts? Die alten Ägypter wussten, glaubt man Herodots Historien aus dem fünften vorchristlichen Jahrhundert, die Lösung: »Gegen die Mücken, die es in ungeheurer Menge gibt, hat man folgende Schutzvorrichtungen. Im Oberland schützt man sich durch turmartige Schlafräume, zu denen man hinaufsteigt. Der Wind hindert nämlich die Mücken, hochzufliegen.« Eine richtige Beobachtung: Mücken sind eher bei wenig Wind und hohen Temperaturen unterwegs. Schon bei Windgeschwindigkeiten von rund zwei Metern pro Sekunde sind nur noch halb so viele Mücken unterwegs wie bei Windgeschwindigkeiten von einem Meter pro Sekunde. Ab vier bis fünf Metern pro Sekunde fliegen kaum noch Mücken.

»Die Bewohner des Sumpflandes haben statt dieser Türme eine andere Einrichtung«, schreibt Herodot. »Jeder ist dort in Besitz eines Fischernetzes, das er bei Tage zum Fischen braucht. Das befestigt er bei Nacht rings an dem Lager, auf dem er ruht, zum Schlafen kriecht er darunter. Durch die Maschen zu dringen, versuchen die Mücken aber gar nicht.« Moskitonetze sind in vielen Ländern populär.

Und wenn man doch gestochen wurde?

Nicht kratzen

Das Wichtigste, was man tun kann, ist eines nicht zu tun: kratzen. Leicht gesagt, schwer getan, aber unbedingt notwendig. Denn, wie gesagt, pumpt die Mücke beim Stich Speichelsekret unter unsere Haut, auf das wir allergisch reagieren. Kratzen wir nun an dem Stich herum, passiert zweierlei: Zum einen verteilen wir das Speichelsekret der Mücke nur noch besser, was die Symptome verstärkt. Zum anderen können wir, wenn wir kratzen oder reiben, winzige Partikel oder Bakterien in die Wunde einreiben; im ärgsten Fall Fäkalbakterien wie Streptokokken oder Kolibakterien, wenn die Mücke zuvor etwa auf Kot gesessen hat. Oder es gelangen Hautbakterien in die Wunde. Dann entstehen Entzündungen.

Der Juckreiz beginnt bereits ein paar Minuten nach dem Stich und kann durchaus mehrere Tage anhalten. Manchmal scheint er auch vorbei zu sein, um dann Stunden oder Tage später wieder zu beginnen. Meist wird der erneute Juckreiz durch eine Reizung der Haut wie ein unwillkürliches Kratzen oder ein Scheuern der Kleidung wieder ausgelöst. Zusätzlich ist es individuell unterschiedlich, wie stark man auf einen Mückenstich reagiert. Meistens hilft es, die Stichstelle zu kühlen, mit in Stoff eingeschlagenen Eiswürfeln, einem Kühlpad oder ganz einfach einem feuchten Tuch. Helfen können auch ein paar Tropfen Essig, eine aufgeschnittene Zwiebel auf dem Stich oder frischer Ingwer sowie zerriebene Blätter von Schafgarbe oder Spitzwegerich. Kühlende Salben oder Gels aus der Apotheke enthalten meist ein Antihistaminikum, das die körpereigenen Abwehrreaktionen auf das Mückensekret und somit das Jucken unterdrückt. Am besten gegen die Stiche wirken sogenannte Hitzestifte, die man im Drogeriemarkt bekommt. Auf den Stich gedrückt, erwärmen Sie die Einstichstelle auf etwa 50 Grad Celsius. Dabei wird das Protein, das die Mücke in die Einstichstelle hineingeben hat und den Juckreiz auslöst, erhitzt und zerstört. Dann reagiert der Körper nicht mehr darauf, und der Juckreiz verschwindet.

Sie fliegen uns an, stechen uns und saugen unser Blut. Sie ärgern uns. Und ihr Stechen und Saugen hat die Welt verändert.

Wie die Mücke Weltgeschichte schrieb

»Die Vorstellung, dass niedere Stechmücken und hirnlose Viren unsere internationalen Angelegenheiten beeinflussen, ist vielleicht ein harter Schlag für das Selbstwertgefühl unserer Spezies. Aber das können sie.«

J. R. McNeill, Umwelthistoriker an der
Georgetown University, Washington, D. C.

»Eigentlich müsste man der Stechmücke ein Denkmal setzen.« In Berlin treffe ich Bert Hoffmann. Er ist Politikwissenschaftler am German Institute of Global and Area Studies in Hamburg. Das Institut analysiert unter anderem politische und soziale Entwicklungen in Afrika und Lateinamerika. Hoffmann leitet dessen Berliner Büro und ist gleichzeitig auch Professor an der Freien Universität Berlin. Sein Spezialgebiet ist Kuba und die Karibik – seine Politik, Geschichte und Kultur. Und seit Beginn der Coronapandemie beschäftigt er sich auch mit Krankheiten, was sie anrichten und was sie angerichtet haben. Mit ihren Übertragungswegen und differentieller Immunität. Denn, so Hoffmann:

Differentielle Immunität erklärt, warum eine Rebellion von versklavten Afrikanern die riesengroße französische Armee schlagen konnte. Warum Lateinamerika eigentlich nie britisch geworden ist wie andere Teile der Welt, als die Briten die Weltmeere beherrschten.

Und sie erklärt auch, wie die Mücke die Weltgeschichte beeinflusst hat und welchen Anteil sie am Aufstieg der USA zu einer Weltmacht besaß.

Im Wesentlichen geht es dabei um zwei von Mücken übertragene Krankheiten: Malaria und Gelbfieber. Doch der Reihe nach:

Am 4. Juli 1776 erklärten sich 13 britische Kolonien in Nordamerika für unabhängig und schlossen sich als United States of America zusammen. Seit 1775 stritten sie für ihre Unabhängigkeit, ein Krieg, der noch weitere fünf Jahre andauern sollte, ehe er im Jahre 1781 nach der britischen Niederlage in der Schlacht bei Yorktown de facto sein Ende fand. Dabei wechselte das Kriegsglück oftmals hin und her, und um 1780 herrschte – so Bert Hoffmann – eine Pattsituation zwischen den Kriegsparteien. »Die Briten wollten dann den Krieg in den Süden tragen, weil sie dachten, dass sie mit den Plantagenbesitzern mehr Verbündete gegen die Aufständischen hätten. Was zweifelsfrei auch stimmte, aber gleichzeitig bedeutete das ihre Niederlage.«

Malaria sichert die Unabhängigkeit

1780 eroberten die Briten die strategisch wichtige Hafenstadt Charleston in South Carolina und starteten damit ihre Südoffensive. Die Hoffnung des britischen Oberbefehlshabers

Henry Clinton war, dass er die Plantagenbesitzer des Südens mobilisieren könnte, um gemeinsam gegen die Truppen der Unabhängigkeitskämpfer ins Feld zu ziehen. Denn der Nachschub an Soldaten aus England fehlte – es gab zu wenig freiwillige Rekruten, und zahlreiche von ihnen starben schon bei der Überfahrt. Doch sie hatten sich bei der Unterstützung verkalkuliert, und – der Süden war Stechmückengebiet, Malariagebiet, vor allem an den Küsten. »Das Klima ist von Ende Juni bis Mitte Oktober auf hundert Meilen entlang der Küste so schlecht, dass während dieser Zeit keine Truppen stationiert werden können, ohne dass sie für eine gewisse Zeit untauglich für den militärischen Dienst oder gar gänzlich verloren wären«, heißt es in einer Notiz der britischen Truppen. Und doch konnten sich die britischen Truppen nicht weit von der Küste und ihren Schiffen entfernen. Sie waren an den Küstenstreifen gefesselt, denn nur so konnten sie ihre Versorgung aufrechterhalten.

Sie litten unter Malaria und anderen Krankheiten. Spione der Unabhängigkeitskämpfer bezeichneten die britischen Truppen als »ausgezehrtes Antlitz der Seuche«. Britische Korrespondenz wimmelte in diesen Jahren nur so von Begriffen wie »Schüttelfrost und Fieber«, »Wechselfieber«, »grässliches Fieber«, »widerliches Fieber« und »Knochenbrecherfieber«, und immer wieder wurden Symptome aufgelistet, die auf Malaria, Gelbfieber oder auch Denguefieber hinwiesen.

Auch die Truppen der Unabhängigkeitskämpfer erkrankten an Malaria. Aber sie hatten den Briten gegenüber mehrere Vorteile: Wer an Malaria erkrankt und das überlebt, ist zwar danach nicht immun gegen die Krankheit, besitzt aber eine höhere Resistenz. Die im Süden lebende Bevölkerung war also gegenüber Neuankömmlingen aus England im Vorteil. Zudem besaßen die Amerikaner, anders als die Briten, größere Chininvorräte. Chinin war das einzige bekannte wirksame Antimalariamittel (siehe Kapitel »Globalisierung und Krankheiten«), und zum dritten – und das war das wahrscheinlich Entscheidende – spielten die amerikanischen Unabhängigkeitskämpfer auf Zeit. Bert Hoffmann: »Im Prinzip haben George Washingtons Truppen im Süden einen Guerillakrieg geführt. Sie sind den Schlachten aus dem Weg gegangen, haben bei kleineren Scharmützeln Nadelstiche gesetzt und haben auf die Regenzeit gewartet.« Sie zogen sich ins Hinterland zurück, wo es hügelig war. Nur wenige hundert Höhenmeter liegen zwischen Mückenloch und mückenfreien Gebieten.

Ab dem 28. September 1781 kam es schließlich zu den entscheidenden Auseinandersetzungen bei Yorktown, einer Kleinstadt in Virginia an der Mündung des York Rivers in die Chesapeake Bay. Der britische Befehlshaber Charles Cornwallis hatte dort sein Lager inmitten von Reisfeldern und Salzwassersümpfen aufgeschlagen. Stechmücken waren überall. Die amerikanischen Truppen belagerten aus den umliegenden Höhenzügen die Engländer. Diese besaßen Ende September noch 8700 einsatzfähige Soldaten. Als sie sich am 19. Oktober, also etwa vier Wochen später, ergaben, waren es noch 3200 Mann. 200 waren im Kampf gefallen, 400 im Kampf verwundet worden, die anderen, mehr als die Hälfte, lag kampfunfähig in den Lazaretten. Und ob die 3200 offiziell kampffähigen Männer es wirklich waren, muss bezweifelt werden. Der Kommandeur der hessischen Söldner, die mit den Truppen von Charles Cornwallis eingeschlossen waren, berichtete kurz vor der Aufgabe, dass die Briten »fast sämtlich an Fieber leiden. Die Armee schmilzt dahin. Unter ihnen können nicht einmal mehr tausend Mann als gesund bezeichnet werden.«

»Unsere Reihen wurden durch feindliches Feuer gelichtet, mehr aber noch durch Krankheit«, meldete Charles Cornwallis nach der Kapitulation seinem Oberbefehlshaber Henry Clinton. Und der amerikanische Umwelthistoriker John Robert McNeill zieht in seinem Buch *Mosquito Empires* (2010) das Fazit:

> In der Amerikanischen Revolution führten die Südoffensiven der Briten schließlich zur Niederlage von Yorktown, und zwar teilweise deshalb, weil ihre Truppen wesentlich anfälliger für Malaria waren als die der Amerikaner. Das Gleichgewicht kippte, weil die britischen Strategen einen größeren Teil ihrer Streitkräfte in Malaria- und Gelbfiebergebiete entsandten.

Aber ob der amerikanische Unabhängigkeitskrieg ansonsten anders ausgegangen wäre, ist müßig zu diskutieren – zumindest hätten dann aber die Stechmücken nicht so eine große Rolle gespielt.

Ohne Schlacht und ohne Ruhm

Eine ebenso große spielten sie auf Haiti zu Beginn des 19. Jahrhunderts. Im August 1791 kam es in der damaligen französischen Kolonie unter der Führung von François-Dominique Toussaint L'Ouverture zu einem Sklavenaufstand. Auf Haiti lebten damals knapp 450 000 Menschen, von denen 400 000 schwarze Sklaven waren. Die Sklaven reklamierten für sich ebenfalls die Ideale der französischen Revolution – Freiheit, Gleichheit, Brüderlichkeit. Sie waren erfolgreich, und auch ein Teil der Revolutionär:innen in Frankreich unterstützte sie in ihrem Unabhängigkeitsstreben. Haiti wurde 1801 frei und gab sich eine wahrhaft revolutionäre Verfassung, in der Menschenrechte für alle ohne Ansehen der Hautfarbe galten. Doch dann änderte sich die Weltgeschichte. Napoleon übernahm die Macht in Frankreich, und Freiheit, Gleichheit und Brüderlichkeit existierten mehr auf dem Papier als in der Wirklichkeit. Und vor allem nicht in den Kolonien, die Reichtümer brachten: Saint-Domingue, wie Haiti damals hieß, war die wichtigste Kolonie Frankreichs, der größte Zuckerproduzent der Welt. So rüsteten die Franzosen eine riesige Interventionsarmee aus und sandten 65 000 Soldaten und Seeleute in die Karibik – ein gigantischer Aufwand, nur um Haiti zu halten.

Ab 1802 landeten die französischen Truppen auf der Insel. »Und von den mehr als 60 000 Soldaten«, sagt Bert Hoffmann, »sind in der ersten Regenzeit 25 000 bis 35 000 gestorben.« Nach zwei Jahren hatte Frankreich dann 50 000 bis 55 000 Tote zu beklagen. Sie starben nicht bei Gefechten mit den Aufständischen, den haitianischen Freiheitskämpfern, sie starben an – Gelbfieber. »Sans combat ni gloire« – ohne Schlacht und ohne Ruhm, in den Lazaretten.

Sie starben an Gelbfieber, übertragen durch Stechmücken. Die Einheimischen litten wenig unter der Krankheit, weil sie diese meist als Kinder mit einem milden Verlauf bekommen hatten und damit lebenslang immun geworden waren. Die differentielle Immunität.

»Man wusste nichts über die Übertragungswege«, so Bert Hoffmann. »Aber es gab das Beobachtungswissen, dass diese Europäer, die nicht in Übersee aufgewachsen sind, der Regenzeit nicht gewachsen sind. Der Anführer der haitianischen Rebellen, Toussaint L'Ouverture, hat das direkt so gesagt: ›Wir müssen warten, bis die Regenzeit kommt, die wird uns unserer Feinde entledigen‹, und genau das ist auch passiert.«

15 Millionen Dollar für Louisiana

Die Folge der französischen Niederlage gegen die Moskitos: Frankreich zog sich weitgehend aus der Karibik zurück. Auch aus ihrer ebenfalls vom Gelbfieber geplagten Kolonie Louisiana, die sie 1803 im sogenannten Lousiana Purchase für 15 Millionen Dollar an die USA verkauften. Die USA verdoppelten damit ihr Staatsgebiet, weil die französische Kolonie wesentlich größer war als der heutige gleichnamige Bundesstaat, sie umfasste weite Teile des Mittleren Westens bis an die kanadische Grenze – insgesamt fast ein Viertel des heutigen Staatsgebiets. Für Bert Hoffmann war das eine direkte Folge der Moskitos von Haiti, die die französische Armee brutal vernichtet hatten.

Gelbfieber spielte auch bei anderen Eroberungsfeldzügen in der Karibik eine entscheidende Rolle. Denn dass sich Spanien in Südamerika als Kolonialmacht gegen die Briten, die im 18. Jahrhundert die Weltmeere beherrschten, immer noch behaupten konnte, lag weniger an den kämpferischen Qualitäten seiner Truppen bei der Verteidigung der Häfen, sondern vielmehr an den Gelbfiebermoskitos.

1741 schickte England einen Flottenverband über den Atlantik an die Karibikküste des heutigen Kolumbien. Mit 29 000 Soldaten belagerten die Engländer die spanische Festung in Cartagena. Die zahlenmäßig weit unterlegenen Verteidiger ließen sich nicht auf Gefechte ein. Sie versenkten ihre eigenen

Schiffe in der Hafeneinfahrt, um Zeit zu gewinnen, und warteten auf die einsetzende Regenzeit. Und wieder übernahmen die Moskitos die Verteidigungsarbeit: Innerhalb weniger Wochen starben 22 000 Engländer, fast alle aufgerieben an Gelbfieber. Die Engländer verloren den Krieg, ohne eine einzige Schlacht verloren zu haben. »Die Überlegenheit der Spanier, die nur 200 bis 600 Soldaten verloren, resultierte nicht aus Waffen, sondern aus ihrem Immunsystem«, sagt Bert Hoffmann. »Viele Spanier waren in der Karibik, also in Gelbfiebergebieten, aufgewachsen.«

Auch in Havanna auf Kuba scheiterte die britische Besetzung 1762. Nach großer Mühe hatte man die Stadt erobert. Havanna galt als Schlüssel zum spanischen Großreich. Die Spanier übergaben die Stadt kurz vor der Regenzeit. Und als die begann, passierte das Übliche: Es starben binnen weniger Wochen zehnmal mehr britische Soldaten an Gelbfieber als bei Kampfhandlungen. So gaben sie die Stadt ein Jahr später an Spanien zurück. Eine erfolgreiche Kriegsführung bedeutete damals für die Einheimischen, auf Zeit zu spielen, Schlachten aus dem Wege zu gehen und zu warten, bis die Mücken den Feind erledigten – auch wenn man nichts von Moskitos und Gelbfieber wusste und alles auf »das Klima« schob.

Krankheiten als Gamechanger – schon bei den Eroberungsfeldzügen der Spanier in Südamerika war das so gewesen. Die Spanier brachten Pocken, Masern und andere Seuchen mit und rotteten so große Teile der Urbevölkerung schnell aus. Manche Forscher glauben, dass 95 Prozent der Indianer die europäischen Infektionskrankheiten nicht überlebten. Und diese drangen schneller vor als die Eroberer. Die Gesellschaften, auf die die Europäer trafen, waren von Epidemien heimgesucht, in panikartiger Auflösung und im kulturellem Niedergang.

Und auch Gelbfieber und Malaria kamen erst mit den Eroberern – mehr dazu im Kapitel »Globalisierung und Krankheiten«. Die schnell entstehenden Monokulturplantagen um die neuen Städte boten dank stehender Gewässer oder Bewässerungskanälen den Gelbfieber übertragenden Moskitos ideale Habitate. Besser als der frühere Dschungel oder der geschlossene Regenwald. So schuf die Sklavenhalter- und Plantagenökonomie der Karibik mit Zuckerrohr und Baumwolle und anderen Tropenfrüchten, die in Plantagen angebaut wurden, beste Voraussetzungen für Gelbfieber- und Malariaepidemien.

»Auch die US-amerikanische Invasion Kubas im Jahr 1898 hängt mit dem Gelbfiebervirus zusammen«, sagt Bert Hoffmann. Zwar gab es auch ökonomische und geopolitische Gründe wie den Zugriff auf die blühende Zuckerindustrie und den strategischen Zugriff auf die Karibik. Aber es gab eben auch Gelbfieber.

Die unbesiegbaren Generäle: Juni, Juli, August

Denn immer wieder war in der zweiten Hälfte des 19. Jahrhunderts das Fieber mit den Handelsschiffen von Kuba aus auf das nordamerikanische Festland gelangt. Die erste größere Epidemie brach 1867 aus; es starben 6000 Menschen. 1873 starben über 5000 an einer weiteren. 1878 brach in Memphis, Tennessee, erneut das Gelbfieber aus. Die Stadt hatte damals etwa 45 000 Einwohner:innen. Als im Juli ein Seemann, der aus Kuba kam, an Gelbfieber erkrankte, floh mehr als die Hälfte aller Einwohner aus der Stadt. Viele nach Norden, andere den Mississippi hinab. »Hunderte Flüchtlinge landeten in New Orleans. Der Hafen füllte sich mit Schiffen, die auf den Wellen tanzten und die gelbe Quarantäneflagge gehisst hatten«, schreibt Molly Caldwell Crosby in *The American Plague* (2006).

Memphis starb – im September 1878 waren es täglich fast 200 Menschen. Die Stadt verfiel in Agonie. Die Epidemie wanderte den Mississippi entlang. Sie erreichte Vicksburg und New Orleans, flachte dann aber im Oktober dank des kühler werdenden Wetters ab. Insgesamt erkrankten in den drei Monaten 120 000 Menschen, von denen über 20 000 am Gelbfieber starben. In Memphis selbst waren es 5500, mehr als ein Viertel derjenigen, die nicht aus der Stadt geflohen waren. Zusätzlich verursachte die Epidemie von 1878 einen großen wirtschaftlichen Verlust. Von 200 Millionen Dollar spricht der kanadische Historiker Timothy C. Winegard in seinem Buch *Die Mücke* (2020), und er zitiert den amerikanischen Kongress: »Für keine andere große Nation auf Erden hat das Gelbfieber so verhängnisvolle Auswirkungen wie für die Vereinigten Staaten von Amerika.«

»Jeder Präsidentschaftskandidat, jeder Politiker im Süden der USA hat damals eines versprochen«, so Bert Hoffmann, »nämlich: Ich bringe das Gelbfieber unter Kontrolle, damit endlich Schluss damit ist, dass hier alle paar Jahre eine Epidemie ausbricht.«

Die Lösung suchte man dabei nicht im eigenen Gesundheitssystem, sondern in der Besetzung Kubas, denn man hoffte, dort die Krankheit, die immer wieder auf das Festland übergriff, kontrollieren zu können. 1898 war die Gelegenheit dafür günstig. Auf der Insel wurde seit 1895 erbittert gekämpft – Spanien focht um seine letzte Kolonie in Lateinamerika, die Kubaner kämpften für ihre Unabhängigkeit. Auch hier waren die Mücken und das Virus auf ihrer Seite – der kubanische General Antonio Maceo sprach von seinen »unbesiegbaren Generälen Juni, Juli, August«. Und die Sterblichkeitsquote der Spanier gab ihm recht: »Die Zahlen sind sehr gut dokumentiert«, sagt Bert Hoffmann. »Die spanische Armee hat sehr gut Buch geführt: 3100 Spanier sind im Kampf gefallen, 41 000 sind durch Krankheiten umgekommen.«

»Obwohl wir 200 000 Männer entsandt und so viel Blut vergossen haben«, zitiert Timothy C. Winegard einen spanischen Politiker, »beherrschen wir auf der Insel nur das Territorium, wo unsere Soldaten gerade stehen.« Und Winegard schreibt weiter: »Nicht immunisierte Truppen, die zur Verstärkung direkt aus Spanien kamen, wurden von Stechmücken schon wenige Wochen nach der Landung außer Gefecht gesetzt.« Insgesamt zählten die Lazarette 900 000 Aufnahmen – also mehrere pro Soldat – und die Militärs hatten mehr mit der Verwaltung des Krankenstandes zu tun als mit ihren eigentlichen Aufgaben.

In den USA wurde derweil kräftig für einen Krieg getrommelt. Der amerikanische Präsident William McKinley warf den Spaniern vor, einen Vernichtungskrieg gegen die Kubaner zu führen, was durchaus der Wahrheit entsprach. Allerdings ging es beim militärischen Eingriff der USA dann schließlich doch eher darum, die eigenen Interessen – amerikanisches Eigentum, Gewinne, Absatzmärkte und Vermögenswerte wie amerikanische Plantagen – zu schützen. Als die Kubaner Anfang 1898 vor dem Sieg standen, intervenierten die USA.

Splendid litte war

Es war ein *splendid little war* – ein glänzender kleiner Krieg, errungen von einer Armee von 23 000 Soldaten. Ihnen gegenüber stand theoretisch eine sechsstellige Anzahl spanischer

Kämpfer, aber nur theoretisch. Die meisten lagen schon in Lazaretten, schwer erkrankt oder sterbend am Fieber, zu krank, um ihren Dienst zu tun. Die anderen waren demoralisiert. Und auch die Kubaner hatten der Invasionsarmee nur wenig entgegenzusetzen, und so übernahm eine US-amerikanische Militärregierung die Macht auf der Insel. Sie blieb bis 1902, bis Kuba formal unabhängig wurde, allerdings erhielten die USA bis 1934 das Recht, bei Beeinträchtigung US-amerikanischer Interessen jederzeit in Kuba durchzugreifen.

So *splendid*, so glänzend der kleine Krieg auf Kuba auch war, auch auf amerikanischer Seite starben Menschen. 379 im Kampf, aber 4700 an von Stechmücken übertragenen Krankheiten. Das schockierte die Öffentlichkeit, wies es doch erneut darauf hin, dass die öffentliche Gesundheitsvorsorge in den USA stark davon abhing, dass man die Krankheit endlich unter Kontrolle brachte. Doch wusste man zunächst nicht, wie, da man keine Ahnung vom möglichen Erreger hatte. »Sie dachten, wir säubern das Land«, berichtet Bert Hoffmann und erzählt, dass die Amerikaner große Kampagnen durchgeführt hätten. »Putzen, Wasser über die Straßen kippen. Dass das nichts nutzte, zeigte sich bald. Sie merkten aber nicht, dass ihr Handeln total kontraproduktiv war, weil stehendes Wasser die ideale Brutstätte für Moskitos ist.«

Schließlich gelang es dann doch, den Erreger des Gelbfiebers zu finden – die weibliche Mücke der Spezies *Aedes aegypti.* Wie das gelang, ist im Kapitel »Globalisierung und Krankheiten« nachzulesen.

Ab 1900 versuchten die Amerikaner – auch um ihre eigenen Truppen auf der Insel zu schützen – das Gelbfieber zumindest in Havanna auszurotten. Der Stabsarzt William Gorgas startete ein systematisches Programm zur Stechmückenbekämp-

Ägyptische Tigermücke

Die *Aedes aegypti* ist die gefährlichste Mücke der Welt. Das machen schon ihre weiteren Namen deutlich: Sie wird auch Gelbfiebermücke oder Denguemücke genannt, und sie ist die hauptsächliche Überträgerin von Fieberkrankheiten wie Gelbfieber, Dengue, Chikungunya, Rifttalfieber und Zika sowie anderen tropischen Viruserkrankungen.

Gelbfiebermücken stammen ursprünglich aus Afrika und wurden seit Beginn der Kolonialzeit vom Menschen als heimlich mitreisende Passagiere auf Schiffen in andere Kontinente verbracht. Sie sind heute überall in tropischen und subtropischen Gebieten verbreitet. Die kleinen, bis etwa vier Millimeter messenden Tiere sind dunkel und besitzen weiße Streifen auf den Beinen und eine weiße Zeichnung auf dem Halsschild. Der Stechrüssel ist schwarz. Die oft etwas größeren Weibchen brauchen zur Eiablage keine großen Wasserflächen, was es dieser Mückenart ermöglicht, in menschlicher Umgebung gut zu überleben. So ist der Mensch auch ihr bevorzugter Blutwirt, der vorzugsweise in der Dämmerung, aber auch zu jeder anderen Tages- und Nachtzeit gestochen wird. Der wehrt sich mit der Zerstörung der Bruthabitate.

fung. Er kartierte die Gegend, stellte Teams mit je 50 Personen auf, die Teiche und Sümpfe trockenlegten, stehendes Wasser auskippten, offene Fässer abdeckten oder mit Netzen verhängten, Pflanzen mit Schwefel bestäubten, in großen Mengen das Insektizid Pyrethrum versprühten – das unterschiedslos alle Insekten tötet – oder auch Petroleum – alles, was ihm geeignet schien, die *Aedes aegypti* auszurotten. Das gelang auch; 1902 war Havanna erstmals seit 1648 gelbfieberfrei. 1905 kehrte ein amerikanischer Mückenbekämpfungstrupp noch einmal nach Kuba zurück, da es auf dem Festland einen neuen Ausbruch gegeben hatte, und sorgte dafür, dass bis 1908 ganz Kuba frei von Gelbfieber wurde.

Nach seinem frühen Erfolg in Havanna wurde William Gorgas versetzt. Nach Panama, er sollte dort gegen Moskitos kämpfen. Denn die USA hatten sich einem alten Projekt zugewandt, einem, mit dem sie sich, wie Präsident Theodore Roosevelt sagte, die »strategischen Punkte sichern (wollten), die es uns ermöglichen, über das Schicksal der Ozeane im Osten und Westen mitzubestimmen«. Ziel war es, endlich einen Kanal durch den Isthmus von Panama zu schlagen, der die Karibik mit dem Pazifik verband und den USA einen schnellen Warenaustausch zwischen Ost- und Westküste ermöglichte.

Kanalbau in der Mückenzone

Der Kanal war keine neue Idee. Schon 1534 hatten die Spanier versucht, die Landenge zu durchbrechen. Und zwar in der heute panamaischen Provinz Darién – sie scheiterten an den Moskitos, dem Klima, den Sümpfen. Der Dominikanermönch Bartolomé de Las Casas (1484–1566) schrieb in seinem *Bericht von der Verwüstung der westindischen Länder*, in dem er vor allem das blutige Vorgehen der Spanier bei ihren Eroberungen in Südamerika dokumentiert und anklagt, dass die Spanier in Darién von »Stechmücken in großen Schwärmen angegriffen« wurden. »Erst wurden sie krank, dann starben sie.« Und zwar täglich so zahlreich, dass die Spanier offene Massengräber anlegten.

Auch spätere Versuche des Kanalbaus schlugen fehl. 1882 kam ein berühmter Kanalbauer in die Region: Ferdinand Lesseps, der 1869 den Suezkanal fertiggestellt hatte. Er überredete Investoren und bestach Beamte, erfolgreich war er dennoch nicht. Die Mücken hatten die Region fest im Griff. Timothy C. Winegard konstatiert, dass fast 85 Prozent aller Arbeiter an von Stechmücken übertragenen Krankheiten litten. »Über 23 000 Mann (25 Prozent der Belegschaft) starben, die meisten davon an Gelbfieber, bevor das Vorhaben 1889 begleitet von Bankrotten und Skandalen eingestellt werden musste.«

Die USA gingen anders vor. Zunächst einmal sorgten sie dafür, dass sich der Landstrich, in dem der Kanal geplant war, von Kolumbien, zu dem er bis dato gehörte, abspaltete. Panama hieß der neu gegründete Staat, der fast unmittelbar nachdem die USA ihn anerkannt hatten, den Amerikanern die Hoheitsrechte der Kanalzone – einen acht Kilometer breiten Landstreifen beidseitig des Kanals – übertrug. Dann erfolgte, noch bevor der erste Spatenstich getan wurde, die Mückenbekämpfung.

William Gorgas ging wie in Havanna systematisch vor. Von 4100 Arbeitern ließ er Pyrethrum, Petroleum und Schwefel versprühen. Er trocknete Sumpflöcher aus, und an 21 Stationen entlang der Bauzone wurde den Arbeitern täglich eine Dosis Chinin verabreicht, das gegen die Malaria half. 1906 wurden keine Gelbfiebererkrankungen mehr festgestellt, auch Malaria war um 90 Prozent zurückgegangen. Insgesamt starben nach offiziellen Zahlen von 1904 bis zur Eröffnung des Kanals 1914 von insgesamt 60 000 Arbeitern 5609 an Krankheiten oder Unfällen – immer noch eine Quote von ungefähr neun Prozent.

»Eine effektive Kontrolle der Malaria und des Gelbfiebers«, schreibt John Robert McNeill, »veränderte das Kräftegleichgewicht in Nord- und Lateinamerika und der Welt insgesamt.« Die USA waren durch den Kanalbau auf einmal eine Macht geworden, die Warenströme kontrollieren konnte. Die bis dato wichtigen Handelsrouten um Kap Hoorn oder durch die Magellanstraße und entlang der südamerikanischen Küsten waren obsolet geworden.

Was der Kuba- und Karibikexperte Bert Hoffmann für seinen regionalen Raum so gut und ausführlich beschreiben kann und was sich beim Aufstieg der USA zur Weltmacht so exemplarisch zeigt, gilt auch für andere Epochen der Weltgeschichte und andere Regionen der Erde. Denn nicht nur in Lateinamerika griff die Mücke in die Weltpolitik ein.

Die Mücke stoppt Alexander den Großen

Schon sehr früh: Im vierten vorchristlichen Jahrhundert baute der makedonische König Alexander (der Große) sein Reich aus. Er überquerte die Dardanellen, schlug bei Issos (333 v. Chr.) das Heer der Perser, eroberte schnell den Nahen Osten, wurde in Ägypten zum Pharao gekrönt, weil er das Land von den Persern befreit hatte, und stieß dann weiter nach Osten vor: Er eroberte Turkmenistan, Usbekistan, Tadschikistan, Afghanistan, überquerte am Khaiberpass den Hindukusch und gelangte nach Pakistan und Indien – ein neun Jahre langer Feldzug, bei dem er keine Schlacht verloren hatte. Und er wollte weiter. Mitten im Monsun quälten sich seine Truppen vorwärts, bis sie Ende Juli 326 v. Chr. an den Fluss Beas gelangten. Dort musste er umkehren – seine Truppen weigerten sich weiterzuziehen. Sie waren erschöpft. Vor allem Krankheiten hatten ihnen zugesetzt: In Indien waren sie während der Stechmückensaison an den Flüssen entlanggezogen, nun litten sie an Malaria und anderen Fieberkrankheiten. Reihenweise fielen Alexanders Soldaten der Malaria zum Opfer. Die Mücke besiegte den Feldherrn. Vermutlich erlag auch Alexander selbst am 10. Juni 323 v. Chr. in Babylon der Krankheit. Es gibt allerdings auch Vermutungen, dass er am West-Nil-Fieber starb – aber auch das wird ja bekanntlich von Stechmücken übertragen.

Auch das römische Weltreich stieß bei seinen Eroberungsfeldzügen immer wieder an Grenzen, die Stechmücken und vor allem die Malaria setzen: Der Versuch, Caledonia (Schottland) zu erobern, wurde, so Timothy C. Winegard, »durch einen lokalen Malariaerreger unterbunden, dem die Hälfte der 80 000 Mann starken römischen Armee zum Opfer fiel«. Und auch im Nahen Osten begrenzte die Malaria die Ausdehnung des Weltreiches.

Was die Römer an Eroberungen hinderte, half ihnen gegen Eroberer: In Italien war vor allem das Gebiet um die Pontinischen Sümpfe südöstlich von Rom malariaverseucht. Das römische Reich ging deswegen nicht unter, es starben aber die Eroberer daran: der Westgotenkönig Alarich und der Ostgotenkönig Theoderich.

Zurück nach Lateinamerika und speziell in die Karibik. Und zu Bert Hoffmann, der glaubt, dass sich die Geschichte Lateinamerikas nicht ohne Mücken, Gelbfieber und Malaria erzählen lässt. »Und trotzdem wird sie ständig ohne erzählt. Man hat immer noch die Standardwerke über die Geschichte Lateinamerikas, in denen das Wort Gelbfieber gar nicht vorkommt.«

Mücken und Viren seien kein erbaulicher Stoff für Narrative nationaler Geschichtsschreibung. Die wolle lieber Helden mit Säbeln und zu Pferde auf Denkmäler setzen, nicht Moskitos und Mikroben. Und natürlich sei es auch nicht so, dass alles nur von der Biologie entschieden worden sei. Es habe immer eine kriegsführende Seite gegeben, die verstanden hatte, wie sich die Umwelt auf das eigene Handeln auswirkte. Nicht verstanden, was genau passierte, aber gewusst, wie man zu handeln hatte. Die andere hatte das entweder nicht, oder sie wollte es nicht verstehen. Denn es hätte auch für sie Möglichkeiten gegeben, sich anders zu verhalten: zum Beispiel in der Regenzeit ins Hochland gehen, weg von den Sümpfen, weg von den Versorgungsschiffen am Hafen. Das war aber meist militärisch nicht opportun. Aber es hätte die Armeen gerettet. Und Bert Hoffmann legt Wert darauf, dass wir unseren Horizont in der Geschichtsschreibung erweitern: »Schauen wir auf Politik und Weltgeschichte, müssen wir davon abkommen zu sagen, dass nur Menschen, Klassen und auch Strukturen Geschichte machen. Denn all das bewegt sich innerhalb eines Ökosystems, in dem wir beispielsweise auch Mücken und Viren berücksichtigen müssen.«

Globalisierung und Krankheiten

Die Mücke als eine treibende Kraft der Geschichte. Das stimmt natürlich nur bedingt. Denn nicht die Mücken machen die Menschen krank und lassen sie auch sterben, sie übertragen nur die Krankheitserreger – die Viren oder die Parasiten sorgen dann für den Ausbruch des Leidens. Und für die Verbreitung der Viren und auch der Mücken sorgen die Menschen. Dennoch sind nach statistischer Einschätzung Stechmücken mit etwa 780 000 verursachten Todesfällen pro Jahr die gefährlichsten Tiere der Welt.

»Wir konnten 2011 das erste Mal flugfähige, das heißt adulte, erwachsene Asiatische Tigermücken in Baden-Württemberg mit Fallensystemen nachweisen«, sagt die Mückenexpertin Doreen Werner. »Wir haben aktuell etablierte, also angesiedelte Populationen in den Bundesländern Bayern, Baden-Württemberg, Hessen, Thüringen und auch in Berlin.«

Die Asiatische Tigermücke kommt – wie der Name schon sagt – eigentlich in Südasien und Südostasien vor. Dass sie in Europa heimisch geworden ist, verdanken wir – so Doreen Werner – zum einen der Globalisierung, zum anderen dem Klimawandel. Was sie berichtet, hört sich zunächst einmal merkwürdig an: Der Hauptverbreitungsweg der Tigermücke

Wie viele Menschen werden jährlich von Tieren getötet? — Und wie viele von Menschen?

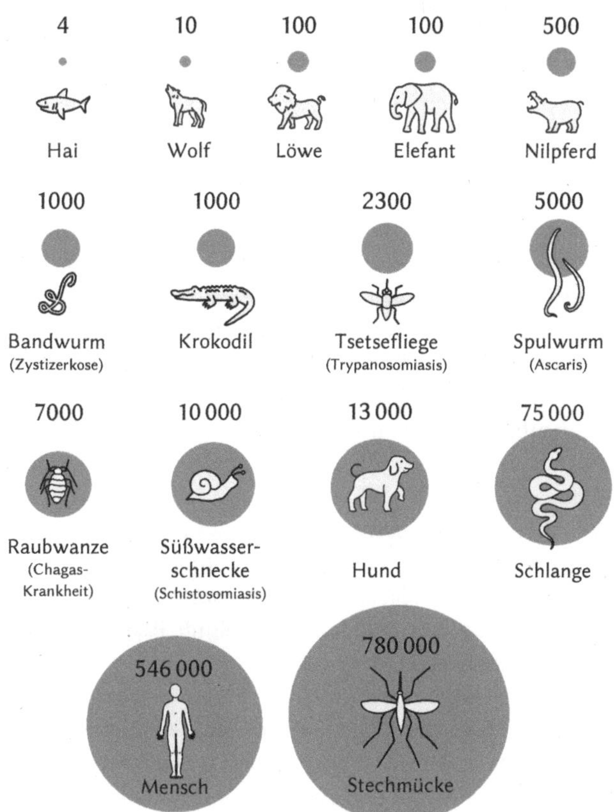

Daten: Our World in Data, https://assets.ourworldindata.org/uploads/2018/04/Deadliest-animals-01.png Stand: 2016.

über kontinentale Grenzen hinweg sei der Handel mit Gebrauchtreifen. Aber sie macht es plastisch: »Stellen Sie sich vor, in Asien liegt eine Menge Gebrauchtreifen auf Halde. Es regnet, und in jedem einzelnen Reifen bilden sich kleine Wasserpfützen.« Die Gattung *Aedes*, zu der die Tigermücke gehört, klebt ihre Eier in der Regel oberhalb der Wasserfläche fest. Beim nächsten Regen, wenn der Wasserstand ansteigt, werden die Eier benetzt, und die Larven können schlüpfen. »Vor dem nächsten Regen werden aber nun die Reifen auf einen anderen Kontinent verkauft, liegen dann dort auf Halde, und die Mücken schlüpfen dort.«

Was Norbert Becker, medizinischer Entomologe an der Universität Heidelberg, in einem Bericht des Berliner *Tagesspiegel* bestätigt: »1990 kamen alte Autoreifen per Schiff aus den USA nach Genua und wurden in ganz Italien verteilt – samt den Mücken.« Entlang der italienischen Mittelmeerküste ist die Tigermücke inzwischen heimisch geworden und eine der häufigsten Stechmückenarten, die Lebensbedingungen sind für sie sehr gut. Von dort wanderte sie langsam über die Alpen nach Norden – besser gesagt, sie wanderte nicht, sie ließ sich fahren. »Packt man also beispielsweise auf dem Campingplatz am Lido di Jesolo seine Sachen zusammen, und Tigermücken sind anwesend«, zitiert der *Tagesspiegel* Norbert Becker, »fliegen sie ins Auto und fahren als blinde Passagiere mit über die Alpen bis nach Deutschland.«

Blinde Passagiere gab es häufig in der Geschichte von Mücken und Menschen. Der Entomologe Carl Robert (von der) Osten-Sacken, der im 19. Jahrhundert große Sammlungen von Insekten vor allem in und aus Nordamerika anlegte, berichtet, dass ihm mitgeteilt wurde, dass es 1823 auf Hawaii noch keine Mücken gegeben habe. »Im Jahre 1828 oder 1830 sei ein altes,

Asiatische Tigermücke

Die Asiatische Tigermücke, wissenschaftlich *Aedes albopictus* genannt, ist mit einer Größe von nur drei bis acht Millimetern eine der kleineren Mückenarten. Sie ist auffällig schwarzweiß gemustert mit fünf weißen Streifen an den Hinterbeinen. Auch auf dem Kopf und am Rücken besitzt die Tigermücke weiße Streifen.

Sie ist eine der, wenn nicht die erfolgreichste Mückenart der Welt: Dank reger internationaler Handelsbeziehungen hat sie sich auf weiten Teilen der Erde verbreiten und dank ihrer Anpassungsfähigkeit auch etablieren können. 1979 wurde sie erstmas in Europa in Albanien entdeckt, konnte sich aber dort zunächst nicht etablieren. Als sie zehn Jahre später dann aus den USA, wohin schon früher Mücken aus Asien gelangt waren, nach Genua kam, hatte sie sich an ein gemäßigtes Klima gewöhnt. Inzwischen wurde die Asiatische Tigermücke in 21 Staaten Europas nachgewiesen, und Wissenschaftler:innen gehen davon aus, dass sie gekommen ist, um zu bleiben. Zumal die Bedingungen in Europa für sie gut sind. Ihre Verbreitung erfolgte überwiegend über den Menschen: Die Mücke reiste mit in Autos, in Zügen, in Lastwagen, auch mit Gütern. Denn ihre Flugweite ist mit meist nur wenigen hundert Metern sehr gering.

Die Asiatische Tigermücke ist ein Kulturfolger und wird als Containerbrüter bezeichnet. Zur Ablage ihrer Eier, die sehr unempfindlich gegenüber Kälte und Trockenheit sind, nutzt sie nicht nur natürliche kleine Wasseransammlungen in Astlöchern, Blattachseln von Pflanzen, Bambusstümpfen, sondern gern auch kleine künstliche Wasserbehälter wie

Regentonnen, Gläser, Dosen, Vasen, Schalen und Untersetzer in Gärten. Sie klebt ihre Eier oberhalb der Wasseroberfläche an das Gefäß, und die Larven schlüpfen erst dann, wenn der Wasserpegel weiter steigt und die Eier mit Wasser bedeckt sind.

Adulte weibliche Tigermücken sind sehr aggressiv und im Unterschied zu anderen Mückenarten vorwiegend tagsüber aktiv. Bevorzugte Opfer sind Säugetiere, Vögel und der Mensch. Besonders nervig und gefährlich sind die weiblichen Tigermücken, weil sie häufig mehrere kurz aufeinanderfolgende Blutmahlzeiten an mehr als nur einem Individuum zu sich nehmen – zum einen wird man deshalb mehr als von anderen Mücken von ihnen gestochen, zum anderen erhöht das die Übertragungswahrscheinlichkeit möglicher Viren – und das gilt auch für die Übertragung von Viren von Tieren zu Menschen.

Seit 1979 leider auch in Europa zu Hause: die asiatische Tigermücke

aus Mexiko ankommendes Schiff an der Küste einer jener Inseln verlassen worden. Bald merkten die Einwohner, daß um diese Stelle herum ein eigentümlicher, ihnen unbekannter, blutsaugender Kerf erschien«, schreibt *Brehms Tierleben*, den damals oft gebräuchlichen Ausdruck Kerf für Insekt benutzend. »Diese Erscheinung erregte einiges Aufsehen, so daß neugierige Eingeborene des Abends hinzugehen pflegten, um sich von den sonderbare Tierchen besaugen zu lassen. Seitdem verbreiteten sich die Mücken über die Inseln und wurden mit der Zeit zur Plage.«

Mückenwanderung – Malaria

Die Globalisierung – der verstärkte Austausch von Waren und Menschen – ist also im Fall der Tigermücke der Dreh- und Angelpunkt. Doch weder Globalisierung noch Mückentransport per Schiff sind, wie gesehen, Erfindungen des späten 20. und 21. Jahrhunderts. Beides fand schon sehr viel früher statt, vor allem nachdem in der Nachfolge von Kolumbus immer mehr Europäer:innen nach Amerika kamen. Die Spanier brachten nicht nur die Erreger von Pocken und Masern mit, sondern auch die der Malaria. »Unmittelbar nach Kolumbus' erster Reise«, schreibt Timothy C. Winegard, »überzogen wahre Krankheitswellen entlang bestehender Handelsrouten den amerikanischen Kontinent.« Wobei damit auch die Handelsrouten ohne europäische Beteiligung gemeint sind – die Malariaerreger sprangen sofort auf die indigene Bevölkerung über. Anfang bis Mitte des 16. Jahrhunderts wüteten Malaria und auch Pockenepidemien von den Großen Seen im Norden bis zur Magellanstraße im Süden des Kontinents.

Die Malaria wurde global. Von Europa nach Amerika und wieder zurück – der Handel machte es möglich. Malaria gab es an der Scheldemündung des heutigen Belgien und der Niederlande, im Tal der Loire, in der Po-Ebene, weitverbreitet im gesamten Mittelmeerraum, im Südosten Englands, am Delta des Don in der Ukraine und auch entlang der Donau und des Rheins.

1607 gründeten die Engländer Jamestown, ihre erste dauerhafte Siedlung in Nordamerika, im heutigen Virginia, nahe Williamsburg und nur etwa 25 Kilometer von Yorktown entfernt, wo die Engländer dann, wie oben beschrieben, im Unabhängigkeitskrieg die entscheidende Niederlage erlebten. Die meisten Siedler, die sich dort niederließen, kamen aus dem Südosten Englands, dem Gebiet, in dem Malaria heimisch war. Wer nicht von dort kam, musste zumindest dort durch, denn die Auswandererschiffe warteten oft wochenlang in Sheerness oder Blackwall, Hafenstädten an der Themse, die als Hochburgen der Malaria galten. Charles C. Mann zitiert in seinem Buch *Kolumbus' Erbe* (2013) den Malariaforscher Andrew Spielman, der an der Harvard School of Public Health lehrte: »Theoretisch hätte eine einzige Person genügt, um den Parasiten auf dem ganzen Kontinent heimisch zu machen.« Denn in dem feuchtwarmen Klima am Südende der Chesapeake Bay, einer Region mit zahlreichen Sümpfen, Wasserlöchern und oftmals fast trockenfallenden Flüssen, einer Region voller Stechmücken, fand der Malariaerreger bald einen passenden Wirt.

Schlechte Luft oder Parasiten?

Sehr frühe Beschreibungen der Malaria stammen aus Mesopotamien und dem alten Ägypten, und in altägyptischen Mumien aus Theben wurden Malariaerreger festgestellt. Auch alte indische Quellen beschreiben eine der Malaria zumindest ähnliche Fieberkrankheit. Der römische Gelehrte Marcus Terentius Varro empfahl schon im ersten Jahrhundert vor Christus, Häuser weit entfernt von Sümpfen zu bauen: »Dort brüten winzige Kreaturen, die das Auge nicht erspähen kann, die aber in der Luft schweben und durch Mund und Nase in den Körper eindringen und schwere Krankheiten hervorrufen können.«

Doch wie die Krankheit entstand, war lange unbekannt. Ihr Name leitet sich ab vom italienischen *mal aria*, auf Deutsch »schlechte Luft«. Gemeint war das sogenannte Miasma, giftige Ausdünstungen des Bodens vor allem in Sumpfgebieten, die der Theorie des antiken Mediziners Hippokrates zufolge verantwortlich für die Weiterverbreitung von Krankheiten waren. Eine Theorie, an die lange geglaubt wurde – so schrieben Mediziner und Forscher mangels Wissens über Bakterien und Viren Seuchen wie Cholera noch im 19. Jahrhundert den »Miasmen« zu.

In Wirklichkeit wird Malaria durch winzige Parasiten ausgelöst.

Von der Theorie der Miasmen waren ab Mitte des 19. Jahrhunderts immer mehr Wissenschaftler:innen abgerückt. Sie wurde dank der Forschungen von Louis Pasteur in Frankreich, Robert Koch in Deutschland oder auch Ignaz Semmelweis in Österreich von der Keimtheorie abgelöst. Diese wies nach, dass die meisten Krankheiten durch Mikroorganismen verursacht werden.

Anophelesmücke

Nutzlos, beschwerlich, schädlich – so lautet die Übersetzung des altgriechischen Wortes Anopheles, und es bezeichnet eine Mückenart gut, die für den Menschen genau all das ist: Die Malaria- oder Fiebermücke ist eine Gattung, die weltweit insgesamt etwa 420 Arten umfasst, die potentiell den Malariaerreger verbreiten können. Sie wird auch Gabelmücke genannt, da die Palpen, ihre Tastwerkzeuge am Kopf, die gleiche Länge wie der Stechrüssel erreichen und Rüssel und Palpen somit am Kopf eine Art Gabel bilden.

Anophelesmücken sind beinahe weltweit zu Hause, auch in gemäßigten Klimazonen, aber vor allem in tropischen und subtropischen Regionen. Sie sind bis zu sechs Millimeter groß, eher zierlich und staksig.

Während die Anophelesmücken in südlichen Ländern gefürchtete Überträger von Malaria sind, spielt das in Mitteleuropa weniger eine Rolle. Die Malariaarten, die sie einst übertrugen, existieren zurzeit nicht mehr, die anderen sind an heißere Klimata gebunden. So ist die Mücke *Anopheles claviger* in Nordafrika, großen Teilen Asiens und auch in Europa bis nach Südskandinavien verbreitet, in Deutschland im ganzen Land und stellenweise sogar in Höhen über 1000 Meter, vorwiegend aber in feuchten Wäldern und Sümpfen. In Asien und Nordafrika ist die *Anopheles claviger* Malariaüberträger, in Mitteleuropa jedoch nicht. Hier tritt sie lediglich als ›normale‹ aggressive Stechmücke in Erscheinung.

Der schottische Mediziner und Parasitologe Patrick Manson untersuchte in China an der Elephantiasis erkrankte Patient:innen. Er fand 1877 in den Lymphknoten der Kranken fadenartige Würmer, die er ebenfalls in Stechmücken nachweisen konnte. Erstmals war bewiesen, dass eine Mücke Krankheiten übertrug. Er glaubte auch, dass Malaria von Stechmücken übertragen wird. Der Franzose Alphonse Laveran erkannte dann im November 1880 als Erster, dass ein Plasmodium für die Krankheit verantwortlich ist, und 1897 bewies der Engländer Ronald Ross, dass die Malaria durch Mücken übertragen wird. Er identifizierte die Anophelesmücke als Überträgerin der Krankheit. Sogenannte Plasmodien, Parasiten, die Malaria auslösen, kommen in mehreren hundert Arten vor – vier davon sind allerdings für die Malaria beim Menschen verantwortlich.

Vereinfacht dargestellt, sticht die Mücke den Menschen und injiziert Plasmodiumparasiten in das Blut. Von dort gelangen sie in die Leberzellen, wo sie sich fortpflanzen und über Monate oder sogar Jahre inaktiv sein können. Zudem nisten sie sich in die roten Blutkörperchen ein, vermehren sich dort radikal, sprengen dann die Blutkörperchen auf und befallen andere rote Blutkörperchen. Manche Parasiten verbleiben einfach in der Blutbahn und warten darauf, dass eine andere Stechmücke den Menschen sticht und ihn mit dem Blut aufsaugt. Dann nisten sie sich in den Speicheldrüsen der Mücke ein, von wo aus sie bei der nächsten Blutmahlzeit des Insektes in ein neues Opfer injiziert werden. Womit alles wieder von vorn beginnt.

Die Parasiten in den roten Blutkörperchen des Menschen brechen meist zur selben Zeit aus – was ein gewaltiger Angriff auf das Immunsystem ist, da eine einzige Infektion mehrere Milliarden Parasiten hervorbringen kann. Der Körper reagiert darauf mit heftigem Fieber, das Immunsystem versucht den Angriff abzuwehren, was auch häufig gelingt. Aber leider wird er meist nicht alle Plasmodien los – manche verbergen sich irgendwo, und Wochen später kommt es zu einer neuen Fieberattacke. Heftiges, fast (und oft nicht nur fast) tödliches Fieber, das wieder abklingt und dann Wochen später erneut ausbricht – ein Kreislauf, der ohne Therapie kaum aufhört.

Charles C. Mann zitiert den Kaufmann Samuel Jeake aus Südengland, der Ende des 17. Jahrhunderts an Malaria erkrankte und getreulich Buch über Symptome und den Krankheitsverlauf führte. Am 6. Februar 1692 schrieb er in sein Krankheitstagebuch:

> Zum siebten Mal erkrankt am Tertianfieber; es begann um ungefähr 15 Uhr, & war von gleicher Art wie das, welches ich den ganzen Januar über hatte, aber dieses war das schlimmste.« Und weiter: »8. Feb.: Ein 2. Anfall, der mich früher heimsuchte & schlimmer war. 10. Feb. Gegen Mittag ein 3. Anfall, der mich durchschüttelte. Gegen 15 Uhr ein sehr schlimmer Anfall & heftiges Fieber. 12. Feb.: Vormittags ein 4. Anfall, der mich bis 15 Uhr schüttelte & ging dann zu Bett: wo ich sehr heftiges Fieber hatte; das war der schlimmste Anfall von allen: mein Atem war sehr kurz; & Delirium.

So setzte sich das noch ein paar Tage fort, dann gab es eine Pause, die 14 Tage dauerte, und dann begann die Tortur von vorn.

Ein Mittel dagegen gab es nicht. Zwar schworen manche Mediziner auf Kaffee, aber der wirkte nicht. Eine Rettung fand sich dann aber in einer anderen Pflanze, die ebenso wie der Kaffee zur Familie der Rötegewächse gehört. Peruanische Arbeiter bekämpften das Malariafieber mit der Rinde eines Baumes, der später als »Chinarinde« (Cinchonia) bekannt wurde – wobei der Name nichts mit China zu tun hat, sondern sich wahrscheinlich vom Quechua-Wort *kina-kina* (auch *quina-quina*), »Rinde der Rinden«, ableitet. Jesuiten hatten beobachtet, dass der Rindenextrakt bei Malaria wirkte, und brachten die gemahlene Rinde als Pulver 1640 nach Europa. Das »Jesuitenpulver«, das bald nach dem Herkunftsbaum Chinin genannte wurde, wirkte gut, weil es Fieber senkt, die Muskulatur entspannt und auch Parasiten bekämpft. Es war ein Heilmittel aus der Neuen Welt für eine Krankheit, die aus der Alten Welt stammte.

Das Chinin machte es möglich, dass sich Europäer in den tropischen Regionen Indiens oder Ostasiens niederlassen konnten, da ihnen, anders als manchen Teilen der indigenen Bevölkerung dort, die genetische Immunität gegen Malaria fehlte. Es ermöglichte beispielsweise das britische Empire – 1914 kontrollierten rund 1200 Beamte und eine Armee von etwa 77 000 Soldaten etwa 300 Millionen Menschen in Indien. Mitte des 19. Jahrhunderts verarbeiteten die britischen Kolonialbehörden rund 700 Tonnen Chinarinde pro Jahr, um ihren Beamten eine tägliche Dosis Chinin zu ermöglichen. Das Pulver wurde in Wasser gelöst getrunken – ein bitteres Getränk, das man Indian Tonic Water nannte. Um den bitteren Geschmack abzumildern oder auch um sich ein bisschen in den

Rausch zu flüchten, kippten die Briten einen ordentlichen Schluck Alkohol, nämlich Gin, dazu – der Gin Tonic, ein klassischer Drink, war geboren.

Chinin ist das vielleicht älteste Malariamittel der Welt und war bis 1940 auch das einzig wirksame. Inzwischen wird es aber kaum noch eingesetzt, da die meisten Malariaerreger dagegen resistent sind. Inzwischen gibt es auch einen ersten Malariaimpfstoff. Wo er genutzt wurde, starben laut World Health Organisation 30 Prozent weniger Kinder an Malaria als zuvor, zudem sank die Zahl der schweren Krankheitsverläufe.

Mückenwanderung – Gelbfieber

Auch das Gelbfieber verbreitete sich aus seinen Ursprungsgebieten in Afrika durch den Austausch zwischen den Kontinenten, nachdem Spanier und Portugiesen Ende des 15. und Anfang des 16. Jahrhunderts in Südamerika gelandet waren. Auch hier kann man davon ausgehen, dass die Krankheit, einmal auf dem Kontinent angekommen, den Spaniern vorauseilte, auch wenn schriftliche Quellen sie erst Mitte des 17. Jahrhunderts explizit mit ihren Symptomen vermerken. Wie die Malaria befiel Gelbfieber die indigene Bevölkerung, bevor diese auf die spanischen Eroberer traf. Im großen Stil reiste die Krankheit dann mit den Sklavenschiffen, die aus Westafrika kamen, in die Karibik.

Anders als Malaria wird Gelbfieber durch ein Virus ausgelöst, das in bestimmten Mückenarten lebt. Wie bei der Malaria sticht die Mücke den Menschen und injiziert dabei das Virus, und eine andere Mücke nimmt es dann mit einem Stich aus der

Blutbahn des Menschen auf und gibt es weiter. Im Menschen vermehrt sich das Virus schnell und löst bei Erwachsenen starke innere Blutungen aus. Das Blut sammelt sich im Magen und gerinnt und wird dann schwärzlich erbrochen. Etwa die Hälfte aller erwachsenen Erkrankten stirbt, wer überlebt, ist danach immun. Erstaunlicherweise ist der Verlauf der Krankheit bei Kindern meist recht mild – sie leiden nicht unter inneren Blutungen.

1881 entdeckte der Arzt Carlos Juan Finlay auf Kuba, dass Gelbfieber durch Mücken übertragen wird, und zwar durch genaue Beobachtungen und einfache Schlussfolgerungen. Der Kubaspezialist Bert Hoffmann: »Carlos Finlay hat sich die Arbeiter in den Kloaken, den Abwässern, angeschaut. Denn wenn Gelbfieber durch mangelnde Hygiene übertragen wird, müssten diese Arbeiter eigentlich die höchste Sterblichkeitsrate aufweisen. Das traf aber nicht zu.« Und so schaute er nach anderen Möglichkeiten und kam schließlich darauf, dass es die Mücken seien, die die Krankheit übertragen. »Er identifizierte sogar die Mückenart.«

Finlay stellte seine Forschungsergebnisse im Kongress in Washington vor. Doch niemand glaubte ihm so recht, weil seine Beweiskette nicht vollständig schlüssig war. Und es gab auch jede Menge Vorurteile: Wie sollte so ein Wald-und-Wiesen-Arzt aus Kuba mehr wissen als die US-amerikanischen Spezialisten?

Knappe 20 Jahre später kam einer dieser amerikanischen Spezialisten nach Kuba. Walter Reed war ein Anhänger von Carlos Finlays Theorie, die ansonsten meist verspottet wurde. So von der *Washington Post*: »Unter all dem dummen und unsinnigen Geschwätz über Gelbfieber, das seinen Weg in den Druck fand, findet sich das unvergleichlich dümmste in den

Argumenten und Theorien, die auf der Stechmückenhypothese basieren.« Doch Reed ließ sich nicht beirren. Nach einer Reihe von Tests, bei denen unter anderem ein Mitglied seines Forscherteams starb, konnte er im Oktober 1900 verkünden, dass Finlays These richtig gewesen sei – und er konnte auch Beweise liefern. Zudem wies er nach, dass Gelbfieber eine Viruserkrankung ist.

Finlay erlebte den Beweis seiner Theorie noch. Bert Hoffmann hält es fast für einen Skandal, »dass er nie den Nobelpreis bekommen hat« – obwohl er siebenmal vorgeschlagen wurde. Dafür ehren ihn mehrere Denkmäler in Havanna – eines zeigt seine Büste, ein anderes ist eine überdimensionierte, 32 Meter hohe stilisierte Spritze, die sich wie ein Obelisk auf einer Verkehrsinsel erhebt, das dritte ist – so Bert Hoffmann – »das Instituto Finlay de Vacunas, das große kubanische Impfforschungsinstitut, was ja auch erfolgreich zwei Impfstoffe gegen Corona entwickelt hat. Das ist nach ihm benannt.«

Gegen Gelbfieber gibt es seit den 1930er Jahren wirksame Impfstoffe.

Der Klimawandel und die Mücken

Zurück nach Mitteleuropa und den dort durch die Globalisierung eingeschleppten Mückenarten. Vor allem zur Asiatischen Tigermücke, die sich – so die Mückenexpertin Doreen Werner – im deutschsprachigen Raum immer mehr verbreitet. Was die Wissenschaft zunächst erstaunte, da die Asiatische Tigermücke eine Wärme liebende Art ist. »Als die Mücke das erste Mal in Deutschland nachgewiesen wurde, sind wir aus wissenschaftlicher Sicht davon ausgegangen, dass sie unsere Winter hier eigentlich nicht überstehen kann, weil Frost ihr absolut schadet oder sie an der Entwicklung hindert.«

Nun haben wir aber eine stetig steigende Durchschnittstemperatur in Deutschland – seit 1880 ist sie um gut 1,5 Grad Celsius gestiegen, und bis 2050 werden laut Deutschem Wetterdienst die Jahrestemperaturen noch weiter ansteigen. Das macht der Tigermücke das Überleben leichter, hinzu kommt, dass Mücken sich schnell anpassen (siehe auch das Kapitel »Bekämpfen – wie und um welchen Preis?«). »Selbst im rauen Ostseeklima, wo wirklich scharfer Wind weht und die Temperaturen oft weit unter null fallen, waren Tigermücken in der Lage, ihre Eier sicher über den Winter zu bringen.«

Die Tigermücke hat sich in Deutschland etabliert – andere Arten könnten folgen.

Die Klimaveränderung führt aber nicht nur dazu, dass sich bestimmte Mückenarten hier ansiedeln, sie schafft auch bessere Bedingungen für Viren, die diese Mücken dann übertragen können. »Viren wie Dengue oder Zika brauchen bestimmte Temperaturen, um sich vermehren zu können«, sagt Maylin Meincke, die als Epidemiologin am Landesgesundheitsamt Baden-Württemberg in der Infektionsepidemiologie arbeitet. »Der Klimawandel beeinflusst sozusagen zwei Sachen: einmal den Vektor, den Überträger, sprich die Mücke, und einmal den Krankheitserreger.«

Denn das von der Mücke aufgenommene Virus – oder bei Malaria der Parasit – muss sich im Körper der Mücke so stark vermehren, dass die Viren über das Blutsystem der Mücke die Speicheldrüse überschwemmen. Dann wird bei der nächsten Blutmahlzeit der Mücke, wenn diese ihren Speichel in die Wunde abgibt, der Krankheitserreger mit abgegeben. Und je höher die Außentemperatur ist, desto schneller entwickeln sich das Virus oder der Parasit im Mückenkörper. Insekten können, anders als Säugetiere, ihre innere Temperatur nicht steuern, und wenn nun die Außentemperatur eher niedrig ist, vermehrten sich das Virus oder der Parasit nicht schnell genug im Mückenkörper. So brauchen bestimmte Plasmodien eine Temperatur von mindestens 24 Grad Celsius, um sich innerhalb von drei Wochen ausreichend zu vermehren – was ungefähr der Lebensdauer seiner Trägermücke entspricht. Unterhalb von 19 Grad Celsius kann dieser Parasit also de facto nicht überleben, weil die Mücke stirbt, bevor er sich in ausreichender Zahl vermehrt hat. Andere Viren oder Parasiten sind aber deutlich weniger empfindlich.

»Dass die Tigermücke sich hier niedergelassen hat, ist erst einmal nicht schlimm, außer dass sie eine sehr aggressive Mücke ist«, sagt die Epidemiologin Maylin Meincke. »Aber wir sind ein bisschen nervös, weil diese Mücke potentiell Dengue, Chikungunya und Zika übertragen kann.« Das sind drei gefährliche, normalerweise eher in den Tropen vorkommende Viruserkrankungen.

Die Wissenschaftler:innen Christoph Josef Hemmer, Petra Emmerich, Micha Loebermann, Silvius Frimmel und Emil Christian Reisinger kommen 2018 in ihrem Aufsatz »Mücken und Zecken als Krankheitsvektoren: der Einfluss der Klimaerwärmung« in der *Deutschen Medizinischen Wochenschrift* zu folgenden Kernaussagen: dass die Klimaerwärmung dazu führe, dass sich potentielle Krankheitsvektoren in Deutschland weiter ausbreiten und die Fähigkeit von Mücken erhöhe, Infektionen zu übertragen. Dass die Ausbreitung der Tigermücke Ausbrüche von Chikungunyafieber in Deutschland erwartbar mache, solche von Dengue- und Zikafieber seien aber deutlich weniger wahrscheinlich. Auch Ausbrüche von West-Nil-Fieber seien in Deutschland denkbar.

Doch Maylin Meincke sagt betont, »ein bisschen nervös«. Ein bisschen. Nicht sehr.

Das Schlüssel-Schloss-System

Das ganze Spiel von Ansteckung und Übertragung von Viren durch Mücken ist ein ziemlich komplizierter Prozess. Denn verschiedene Faktoren müssen zusammenkommen, damit eine Krankheit durch eine Mückenart weitergegeben werden kann. So trägt die Mücke den Krankheitserreger ja nicht einfach so in sich. Sie muss also zunächst einmal auf einen Reiserückkehrer aus den Tropen treffen, der wiederum das Virus in sich trägt. Und dann muss diese Mücke, die diese Viren in sich trägt, jemanden anderen stechen, nachdem sich die Viren in ihr vermehrt haben. Was, wie gesehen, auch von der Temperatur abhängig ist.

Jedoch wird nicht jedes Virus von jeder Mückenart weiterverbreitet, weil nicht jede Mückenart für jedes Virus empfänglich ist. »Es gibt bestimmte Mückenarten, die mit bestimmten Erregern zusammenspielen. Andere wieder nicht«, sagt Doreen Werner: »Das kann man sich wie ein Schlüssel-Schloss-Prinzip vorstellen.«

Es passt eben nicht immer. Das Musterbeispiel ist die Malaria. Sie war früher auch in Deutschland verbreitet, und die Mückenart, die sie damals übertrug, gibt es immer noch. Aber der damals vorherrschende Erreger wurde ausgerottet, und diese Mückenart kann nur sehr schlecht bis gar nicht die tropische Malaria übertragen – da passen Schlüssel und Schloss nicht zusammen. Der Parasit trifft hier nicht auf den richtigen Vektor.

Leider passen anderswo Virus und Vektor gut zusammen. So kann die Gemeine Hausmücke bedauerlicherweise das West-Nil-Virus aufnehmen und weitergeben. Auch die Asiatische Tigermücke schafft das. Sie ist dabei aber, so Doreen Werner, »nicht so effektiv wie unsere Gemeine Hausmücke. Und die Gemeine Hausmücke ist nach unserem Kenntnisstand zum Beispiel nicht in der Lage, das Dengue- oder Chikungunyavirus zu übertragen.«

Aber es sind eben nicht nur die invasiven, die exotischen Stechmückenarten dafür verantwortlich, dass Krankheitserreger bei uns übertragen werden können. Auch die einheimischen Arten sind nicht ungefährlich. Aber vieles ist da noch ungeklärt, und von den über 50 verschiedenen Stechmückenarten in Deutschland weiß man noch nicht, wie kompatibel welche dieser einheimischen Arten für viele Erreger sind. »Einheimische Mücken können Vektorkompetenz für Erkrankungen erlangen, die in Deutschland bisher keine Rolle gespielt haben«, schreiben deshalb auch die oben zitierten Wissenschaftler Christoph Josef Hemmer, Petra Emmerich, Micha Loebermann, Silvius Frimmel und Emil Christian Reisinger.

Die Epidemiologin Maylin Meincke glaubt auch, dass es zu Fällen von Chikungunyafieber kommen kann oder wird. Nicht zu großen Ausbrüchen, aber zu vereinzelten Übertragungen, wie sie bislang schon in Südfrankreich, Italien oder Kroatien vorgekommen sind. »Denn man kann die Ausbreitung der Asiatischen Tigermücke nicht mehr wirklich stoppen, man kann nur versuchen, die Populationen klein zu halten. Je weniger wir von diesen Mücken haben, desto geringer ist das Risiko.«

Bekämpfen – wie und um welchen Preis?

»Je weniger wir von diesen Mücken haben, desto geringer ist das Risiko« – so Maylin Meincke. Und sie hat natürlich recht. Denn zum einen übertragen sie potentiell Krankheiten, zum anderen sind sie einfach lästig. Sie stören, sie nerven beim Spaziergang oder beim Grillen im Garten. Mückenplage heißt das Stichwort, und Xenia Augsten von der Kommunalen Aktionsgemeinschaft zur Bekämpfung der Schnakenplage (KABS) macht deutlich, was das bedeutet – mit Schnaken sind in Südwestdeutschland, der Region, in der die KABS arbeitet, Stechmücken gemeint: »Der Begriff der Plage ist natürlich subjektiv«, sagt sie. »Manch einer ist schon gestört, wenn es nur drei oder vier Stiche an einem Abend sind, andere ärgern sich erst dann, wenn es zu 15 oder 20 kommt.« Oder es noch mehr werden. Der schwedische Naturforscher Carl von Linné schrieb 1737 in seiner *Flora Lapponica* über Mücken in Lappland:

> Ich möchte glauben, dass diese Art nirgends auf der Erde in so unermesslicher Menge auftritt wie in den Wäldern Lapplands. Andauernd fliegen die Mücken hier mit ihrem ekelhaften Gesumme umher und stürzen sich auf Gesicht, Beine und Hände der Menschen. Streckt man die bloße Hand

Mückenbekämpfung beim Bau des Panamakanals

> aus, so ist bald eine Unmasse da, die sich auf sie setzt und sie schwarz bedeckt. Streift man sie mit der anderen Hand ab und tötet die ganze Schar, so nehmen, kaum, dass man jene abgestreift hat, ebenso viele den alten Platz ein. Frei atmen kann man kaum, denn sie dringen in Nase und Schlund ein.

Vielleicht kann man sich ab einer bestimmten Mückenmenge kaum noch selbst schützen. Dann muss man etwas mehr tun. Näher ran an das Übel: die Mücken bekämpfen.

Mückenbekämpfung ist nichts Neues, sie hat sich aber im Laufe der Zeit verändert. Beim Bau des Panamakanals wurden massenweise Schwefel, Pyrethrum, Rohöl und Petroleum auf die Brutgebiete der Gelbfieber und Malaria übertragenden Stechmücken gesprüht – um die Folgen kümmerte sich niemand. Und im pazifischen Kriegsgebiet, in dem die US-amerikanischen Truppen im Zweiten Weltkrieg sehr unter Malaria litten, versprühten die amerikanischen Mückenjäger, so der Historiker Timothy C. Winegard, »über 45 Millionen Liter Petroleum in die Brutgebiete, was in etwa der Ölmenge entspricht, die beim berüchtigten Tankerunglück der Exxon Valdez 1989 vor Alaska ins Meer floss.« Die Havarie der Exxon Valdez verursachte eine der größten Umweltkatastrophen der Seefahrt.

Sümpfe trockenlegen …

»Ein Sumpf zieht am Gebirge hin, / Verpestet alles schon Errungene; / Den faulen Pfuhl auch abzuziehn / Das Letzte wär das Höchsterrungene«, heißt es im zweiten Teil von Goethes *Faust*, und vermutlich waren die Zeilen von den Pontinischen Sümpfen beeinflusst, die Goethe 1787 besuchte. Schon die Römer hatten versucht, diese Sümpfe trockenzulegen, dachten sie doch, dass aus deren Ausdünstungen die Malaria entspringe. Falsche Vermutung, aber die richtige Handlung, boten die Sümpfe doch ideale Bedingungen für die Malariamücke der Anophelesarten. Die Versuche der Trockenlegung durch einen zentralen Abfluss aus der Ebene scheiterten jedoch, und erst ein Ende des 19. Jahrhunderts erdachter Plan, einen Ringkanal zu bauen und so die Zuflüsse aus den Bergen aufzufangen, bevor sie die Ebene erreichen, schien erfolgreich zu sein. Ab 1930 ließ der faschistische Diktator Benito Mussolini die Arbeiten zur Trockenlegung der Sümpfe wieder aufnehmen.

In zehn Jahren gelang das Vorhaben, das von der faschistischen Partei als »Schlacht gegen die Sümpfe« bezeichnet wurde. Eine Schlacht, die nicht die Faschisten schlugen, auch wenn sich Mussolini ab und an gern mit nacktem Oberkörper und Schaufel in der Hand für seine Propagandamedien ablichten ließ. Sie wurde stattdessen geschlagen von bis zu 125 000 Zwangsarbeitern, Verbannten, Regimegegnern und rassisch Verfolgten. An vielen von ihnen wurden auch medizinische Experimente zur Malariaforschung durchgeführt. Die Zwangsarbeiter mussten in einer Region, in der damals die Lebenserwartung eines Bauern bei gerade mal 22,5 Jahren lag und über die in einem staatlichen Bericht stand, dass vier von fünf Menschen, die sich dort einen Tag aufhielten, an Malaria erkrankten, Gräben ausheben sowie Häuser und Straßen bauen. Sie rodeten, von Malariaanfällen geschüttelt, das Unterholz, pflanzten Pinien, bauten Pumpstationen auf, errichteten insgesamt mehr als 16 000 Kilometer Deiche und Gräben und erbauten fünf architektonisch unterschiedliche Modellstädte sowie 18 kleinere Dörfer.

Als Malariabekämpfung war Mussolinis Programm erfolgreich. Die Krankheitszahlen sanken um 99 Prozent. Und auch anderswo in Europa sorgte die systematische Trockenlegung von Sumpfgebieten und Mooren sowie die Begradigung von Flüssen für das Verschwinden der Malaria in den 1960er Jahren.

Am Oberrhein verschwand beispielsweise die Malaria weitgehend, nachdem unter Johann Gottfried Tulla der Flusslauf im 19. Jahrhundert begradigt wurde. Inseln wurden abgetragen, Durchstiche angelegt; aus einem in weiten Auen mäandernden Fluss wurde ein eher kanalisierter; der Rhein wurde in ein einziges Flussbett von 200 bis 250 Metern Breite gezwungen, begradigt, vertieft und eingedämmt. Die gesamte Landschaft veränderte sich: Aus den sumpfigen Flussauen wurden Wiesen, aus feuchten Wiesen wurden Felder, die gesamte Landwirtschaft zog näher an den Fluss. Und mit den Auen verschwanden auch die Anophelesmücken, die Malariaüberträger, weil sie ihre Brutstätten verloren.

... und wieder vernässen

Nun wissen wir heute, dass die Begradigung von Flüssen und die Trockenlegung von Mooren und Sümpfen nicht der Weisheit allerletzter Schluss ist. Denn Moore beispielsweise sind einfach zu wichtig, um sie trockenzulegen und den Torf dort abzubauen. Es sind besondere Ökosysteme: Wasser füllt Hohlräume im Boden aus, wodurch der Boden luftdicht abgeschlossen wird und organisches, abgestorbenes Material sich nicht mehr vollständig zersetzen kann – so entsteht Torf. In diesem Torf wird Kohlenstoffdioxid, CO_2, gespeichert. Und zwar in gigantischen Mengen. Zwar bedecken Moore nur insgesamt drei Prozent der weltweiten Landfläche, sie speichern aber sehr viel mehr CO_2 wie alle Wälder dieser Erde. Ca. 500 Millionen Hektar Moore speichern 600 Milliarden Tonnen CO_2, während 3300 Millionen Hektar Wald 372 Milliarden Tonnen CO_2 speichern.

Zudem sind sie Hotspots der Biodiversität: Sie bieten einzigartige Lebensräume für hochspezialisierte Pflanzen und Tiere, für Arten, die sich an die extremen Gegebenheiten angepasst haben. Je nach Moorart sind es unterschiedliche, es finden sich dort fleischfressende Pflanzen wie Wasserschlauch, Sonnentau oder Fettkraut, Moosbeeren, Wollgräser, und viele Moore bieten wegen ihres hohen Wasserstandes, der Schutz vor Fressfeinden garantiert, Vögeln wie dem Birkhuhn, der Bekassine oder dem Kranich Rückzugs- und Bruträume.

Auch Auenlandschaften entlang der Flüsse sind wichtig für die Biodiversität. Ungefähr zwei Drittel aller Pflanzen- und Tierarten Mitteleuropas leben in Auengebieten, die meisten Fischarten, die meisten Amphibien und auch die meisten Insekten. Zudem bilden sie natürliche Überflutungsflächen entlang der Flüsse, die Hochwasser zurückhalten und Starkregen aufnehmen können – wichtig in Zeiten fortschreitenden Klimawandels. Wir brauchen mehr Moore, Sumpfgebiete und Auen.

Doch der Konflikt ist programmiert: Im Sommer 2021 berichteten bayerische Medien, darunter der *Bayerische Rundfunk* und der *Münchner Merkur*, über eine Mückenplage in den Gemeinden entlang der Altmühl südlich von Gunzenhausen, etwa 50 Kilometer südwestlich von Nürnberg. Jahr für Jahr gebe es mehr Stechmücken, zitierten die Medien die Betroffenen, die vor allem die Renaturierung der Altmühl als Grund für die Mückenplage ansehen. Diese fließt nun dank zahlreicher Kurven langsamer, sie besitzt Überflutungsflächen, es wurden Nebenarme angelegt und Seitenarme wieder geflutet.

Ob die Renaturierung von Auenlandschaften und Mooren eine Mückenplage tatsächlich verschlimmert, lässt sich nicht genau belegen. Die anekdotische Evidenz an der Altmühl mag dafür sprechen, und auch ich habe in der Uckermark den Eindruck, dass die Mückenanzahl, seitdem der nah gelegene Wald mehr und mehr wieder vernässt wird, zugenommen hat. Wobei das jährlich schwankt – es gibt Jahre, in denen sich sofort Tausende Mücken auf einen stürzen, sobald man sich der Waldkante nähert, in trockeneren Jahren sind es hingegen weniger. Aber im Wald sind sie immer, dort, wo sich grünliche trübe Tümpel am Wegesrand erstrecken, in denen umgestürzte Buchen liegen. Weil entweder der Biber sein Werk getan hat oder sie im Laufe der Jahre im vernässten Boden ihren Halt verloren haben. Mücken sind manchmal überall, und Rettung ist nicht in Sicht.

Die rettende Chemie?

Schon 1874 synthetisierten der österreichische Othmar Zeidler und der deutsche Chemiker Adolf von Baeyer das Mittel, das lange als Rettung gegen Mücken und andere Insekten gefeiert wurde, dessen todbringende Wirkung auf Insekten allerdings erst 1939 von ihrem Schweizer Kollegen Paul Hermann Müller entdeckt wurde: Dichlordiphenyltrichlorethan, abgekürzt DDT. Müller erhielt 1948, so die Begründung, »für die Entdeckung der starken Wirkung von DDT als Kontaktgift gegen mehrere Arthropoden« (Gliederfüßer wie Insekten, Tausendfüßer, Krebstiere und Spinnentiere) den Medizin-Nobelpreis.

DDT wurde schnell zu *dem* Mittel im Insektenschutz. Egal ob gegen Stechmücken oder anderes Getier, DDT war billig in der Herstellung und sehr effektiv: Internationale Hilfsorganisationen brachten es gegen Malaria aus, und überall, wo es genutzt wurde, gingen die Malariazahlen deutlich zurück. In Südamerika zwischen 1942 und 1946 um 35 Prozent. Gab es in Indien im Jahre 1951 noch 75 Millionen Malariaerkrankungen, waren es ein Jahrzehnt später nur noch 50 000. »DDT ist gut für mich«, hieß es in Zeitungsanzeigen, die Zeichnungen von glücklich lächelnden Müttern mit ihren Kindern, strahlenden Äpfeln, singenden Kühen und Kartoffeln zeigten.

Denn DDT half nicht nur gegen die Mücken – es half auch gegen Kartoffelkäfer, gegen Schädlinge auf Äpfeln und Gemüse, gegen fast alles, was in der Landwirtschaft störte. Es erhöhte die Produktivität in der Landwirtschaft, sorgte für weniger Ausschuss und machte die Grundnahrungsmittel billiger. Ab 1945 wurde es in den USA in der Landwirtschaft eingesetzt, später fast weltweit. Das Mittel wurde aus Flugzeugen über Wälder, Felder und Weiden gesprüht. Zwischen 1947 und 1970 stieg die Produktion von DDT in den USA, wo die größten Hersteller saßen, um 900 Prozent, und insgesamt wurden schätzungsweise 1,8 Millionen Tonnen DDT weltweit versprüht. Auch in privaten Haushalten war es als Insektenschutzmittel beliebt.

Stummer Frühling …

Doch was als Ideallösung erschien und auch so propagiert wurde, hatte leider ein paar Nachteile: Schon früh war Tier- und Umweltschützern aufgefallen, dass es neben der gewünschten Tötung von Mücken zu Kollateralschäden kam – andere Insekten oder auch Vögel starben, die zu viel DDT abbekommen hatten. Wir wissen heute, dass sich DDT über die Nahrungskette im Fettgewebe von Mensch und Tier ansammelt, ob es allerdings beim Menschen zu Erkrankungen wie etwa Krebs führen kann, ist nicht erwiesen. Sicher ist aber, dass es beispielsweise bei Vögeln zu einer Verringerung der Dicke ihrer Eierschalen führt, was beim Wanderfalken in den 1960er Jahren katastrophale Bestandseinbrüche bis zum Aussterben in bestimmten Regionen auslöste.

Meistens werden die Nebenwirkungen der Insektizide erst zu spät gesehen. Die beiden Journalisten Volker Angres und Claus-Peter Hutter bringen in ihrem Buch *Das Verstummen der Natur* (2018) ein Beispiel aus Indonesien. Dort wurde in den 1990er Jahren ein Insektizid versprüht, das nicht nur die Schädlinge umbrachte, sondern auch eine spezielle Wespenart. Die war der Fressfeind anderer Schadinsekten, die in den reetgedeckten Dächern der Häuser lebten. Die Folgen des Wespensterbens waren dramatisch. Nach und nach brachen die Reetdächer zusammen. Außerdem tötete das Insektizid auch Katzen. Die Ratten vermehrten sich daraufhin ungehemmt und verbreiteten die Beulenpest.

Im Jahr 1962 veröffentlichte die amerikanische Zoologin und Journalistin Rachel Carson ihr Buch *Silent Spring* (*Der stumme Frühling*), das die DDT-Euphorie radikal killte. Sie schrieb darin über das in Jahrmillionen entwickelte ökologische Gleichgewicht, das gefährdet sei, über den großflächigen Einsatz von Pestiziden und die Folgen für Säugetiere und Vögel:

> Sie töten jedes Insekt, die guten wie die schlechten, sie lassen den Gesang der Vögel verstummen und lähmen die munteren Sprünge der Fische in den Flüssen. Sie überziehen die Blätter mit einem tödlichen Belag und halten sich lange im Erdreich – all dies, obwohl das Ziel, das sie treffen sollen, vielleicht nur in ein wenig Unkraut oder ein paar Insekten besteht. Kann jemand wirklich glauben, es wäre möglich, die Oberfläche der Erde einem solchen Sperrfeuer von Giften auszusetzen, ohne sie für alles Leben unbrauchbar zu machen.

Carsons Buch war ein Bestseller, der den weltweit bis dahin kaum beachteten Umweltschutz zum öffentlichen Thema machte. »Hey farmer, farmer, put away that DDT now / Give me spots on my apples, but leave me the birds and the bees /

Please!«, sang Joni Mitchell 1970 in ihrem Hit *Big Yellow Taxi*: »Hey, Farmer, pack das DDT weg. Gib mir ruhig Äpfel mit Macken, aber lass mir die Vögel und die Bienen. Bitte!« Und die Mücken auch, möchte man hinzufügen.

… und Resistenzen

Dass DDT dann zwar nicht weltweit, aber in vielen Ländern verboten wurde und in noch mehr nicht mehr eingesetzt wurde und wird, hat einen zusätzlichen Grund, einen, den auch schon Rachel Carson als Argument gegen DDT vorbrachte: die schnelle Evolution der Insekten.

Denn das ist der Vorteil der Mücke. Sie kann sich innerhalb weniger Generationen verändern und sich neuen Herausforderungen anpassen. Rachel Carson drückte das so aus: »Wenn Darwin heute lebte, wäre er entzückt und erstaunt, wie eindrucksvoll die Insektenwelt jetzt beweist, dass seine Theorien vom Überleben der Tauglichsten richtig sind.« Und so war schon in den 1960er Jahren zu beobachten und teilweise auch schon früher, dass DDT einfach nicht mehr wirkte. Die Hersteller und Nutzer erhöhten daraufhin zunächst die Dosis in ihren Insektenvernichtungsmitteln, aber auch das brachte nichts. Carson beschreibt, wie die Malariamücken in Italien innerhalb von einem Jahr Resistenzen entwickelten, wie es in Dänemark innerhalb von einem Jahr Fliegen schafften, ebenso wie in Ägypten. »Genauso schnell, wie man zu neuen Chemikalien griff, entwickelte sich auch die Resistenz.« Und sie zitierte den kanadischen Entomologen A. W. A. Brown, der im Auftrag der Weltgesundheitsorganisation Resistenzen erforschte: »Kaum ein Jahrzehnt, nachdem man die hochwirksamen synthetischen Insektizide für Vorhaben zum Schutz der Volksgesundheit eingesetzt hat, ist das wichtigste technische Problem darin zu erblicken, dass die Insekten, die man mit diesen Stoffen früher bekämpfte, resistent dagegen geworden sind.«

Wobei Resistenzen gegen DDT auch bei Mücken zu beobachten sind, die in Regionen vorkommen, in denen das Insektizid nie zur Malariabekämpfung eingesetzt wurde. Laut Umweltprogramm der Vereinten Nationen wiesen Anfang der 2000er Jahre in Afrika fast zwei Drittel der *Anopheles gambiae*-Mücken, die für die Übertragung der Malaria verantwortlich sind, DDT-Resistenzen auf.

Im Juni 1972 wurde die Nutzung von DDT in der Landwirtschaft in den USA verboten; es gebe andere, ähnlich wirksame und weniger ökologisch schädliche Insektenmittel. Allerdings wurde die Herstellung nicht verboten, und auch der Export blieb erlaubt. Und in den folgenden Jahren gab es immer wieder kurze Ausnahmen vom Nutzungsverbot bei besonderen Insektenplagen. 1982 wurde die DDT-Produktion dann jedoch in den USA eingestellt.

Auwaldstechmücken, Zuckmücken und Bti

1976, als DDT in der Bundesrepublik Deutschland schon vier Jahre verboten war – in der DDR blieb es länger im Einsatz –, gründete sich die Kommunale Aktionsgemeinschaft zur Bekämpfung der Schnakenplage, kurz KABS genannt. Damals taten sich, nachdem der Sommer 1975 eine echte Mückenplage mit sich gebracht hatte, einige Gemeinden zusammen, um eine gemeinsame Stechmückenbekämpfung auf die Beine zu stellen. Inzwischen hat die Aktionsgemeinschaft 94 Mitglieder

Rheinschnake

Eigentlich heißt sie exakt und wissenschaftlich *Aedes vexans*, im Südwesten Deutschlands, wo sie sehr häufig vorkommt, aber Rheinschnake. Sie gehört zu den Mücken, die hierzulande am meisten verbreitet sind. Auch ist diese Art fast überall auf der Erde zu finden.

Die Rheinschnake ist eine der sogenannten Überschwemmungs-, Auwald- oder Wiesenmücken, deren Brutgebiet in immer wieder trockenfallenden, erneut überschwemmten Gebieten liegt. Sie besitzt einen langen schlanken Körper, der etwa sechs Millimeter groß wird, schmale Beine und etwas kräftigere Palpen, wie die Taster neben dem Stechrüssel genannt werden. Rheinschnaken bilden bei Einbruch der Dämmerung oft große Schwärme, die zwar vielleicht bedrohlich wirken, aber ungefährlich sind. Denn da versammeln sich die männlichen Mücken; sie tanzen umeinander her, und das Summen ihrer Flügel lockt die Weibchen an, die im Flug begattet werden – und danach ihre Blutmahlzeit brauchen. Bei der Suche nach einem Opfer – Säugetier, Vögel, Mensch – legen sie überraschend große Entfernungen zurück. Die später abgelegten Eier können problemlos auch mehrere Jahre Trockenheit überleben.

aus den Bundesländern Rheinland-Pfalz, Baden-Württemberg und Hessen; sie reicht vom Kaiserstuhl bis nach Bingen.

»Hauptsächlich bekämpft die KABS Auwaldstechmücken, das heißt die Stechmücken, die nach einem Hochwasser auftreten«, sagt Xenia Augsten, die Pressesprecherin des Vereins.

»Und dazu Sumpf- und Bruchwaldstechmücken.« Da deren Larven teilweise überwintern, sind sie schon im Frühjahr weit entwickelt, und so beginnt die KABS ab etwa Mitte März mit der Mückenbekämpfung.

Denn bekämpft werden die Larven der Stechmücken, nicht die entwickelten Mücken. »Sobald es draußen schon sticht, ist unsere Arbeit getan. Wenn die Stechmücke schon in der Luft ist, tun wir nichts mehr dagegen.« Die Larven werden mit einem biologischen Wirkstoff, dem *Bacillus thuringensis israelensis* (Bti) getötet. »Das ist ein Bodenbakterium. Aus diesem Bakterium wird ein Eiweißkristall gewonnen, und dieses Eiweißkristall wirkt sehr selektiv auf einige Mückenfamilien, insbesondere auf Stechmücken.« Die Wirkungsweise ist sehr kompliziert. Die Mückenlarve nimmt dieses Eiweißkristall über die Nahrung auf, es gelangt in den Mückendarm und spaltet sich dort in einzelne kleine Segmente auf. Diese docken dann an Rezeptoren der Darmwandzelle an. Durch dieses Andocken öffnen sich Poren in den Darmwandzellen, und es kommt zu einem Wassereinstrom. Die Zelle platzt, und da das an vielen Stellen gleichzeitig passiert, ist der Darm vollständig porös, was zum Tod der Larve führt.

Der Vorteil der Methode: Das Eiweißkristall braucht einen sehr hohen PH-Wert, um sich aufzuspalten, wie er eigentlich nur im Darm von Stechmückenlarven herrscht. Zudem sind die Rezeptoren der Darmwandzellen sehr spezifisch, und so gibt es nur wenig andere Arten, die davon betroffen sind.

Ausgebracht wird das Bti auf unterschiedliche Weise: Über den Auenwäldern teils per Hubschrauber als Eisgranulat, wo das Bakterium im gefrorenen Wasser wie in einem Hagelkorn steckt, als Wurfgranulat oder per Spritzen von Mitarbeitern, die zu Fuß unterwegs sind. Das vor allem, wenn es um die Bekämpfung der Stechmücken geht, die nach einem Hochwasser auftreten. »Wir bringen das auf die Flächen aus, auf denen das Hochwasser stand und wo nach dessen Abfließen dann immer noch Wasser steht. Wir warten aber immer gern ein bisschen, bis diese Flächen kleiner sind und sich die Larven da in einer höheren Dichte sammeln.«

Laut der KABS ist Bti das einzige wirkliche wichtige und auch ökologisch unbedenkliche Mittel der Stechmückenbekämpfung. Und per se sei die Bekämpfung auch nicht so schlimm, weil Stechmücken niemals Hauptbestandteil der Nahrung bestimmter Tiere sind. Zwar sagt Doreen Werner vom ZALF in Müncheberg, dass Stechmücken durchaus von Singvögeln oder Fledermäusen oder anderen räuberisch lebenden Insekten als Nahrungsgrundlage genutzt würden, und Xenia Augsten erkennt das an: »Sie werden gefressen. Wenn ein Vogel günstig eine Stechmücke erwischen kann, macht er das.« Aber: »Es ist nicht energieeffizient, Mücken zu jagen, wenn man auch an langsamere, größere Insekten herankommen kann.« Und sie ständen zudem nicht dauerhaft als Nahrungsquelle zur Verfügung.

Doreen Werner bezeichnet den Einsatz von Bti überdies als sinnvoll, wenn es um die Population der Asiatischen Tigermücke in definierten Brutcontainern wie zum Beispiel Regentonnen gehe. »Denn die ist eine sehr flugträge Mücke, das heißt, sie hat einen Aktionsradius von 100 bis 300 Metern.« Und so könne man versuchen, in dieser Region alle möglichen Bruthabitate ausfindig zu machen und diese dann mit Bti zu bestücken, um so die Population zu eliminieren.

Der Vorteil an Bti scheint auch zu sein, dass die Mücken keine Resistenzen dagegen ausbilden, da dessen Wirkung aus mehreren Komponenten, nämlich sechs wirksamen Proteinen, besteht. Damit ist die Wahrscheinlichkeit, dass eine Resistenz entsteht, deutlich geringer als beim Einsatz einer Einzelsubstanz, wie sie die meisten Insektizide nutzen.

Also alles in Ordnung mit dem Bti? Leider nur bedingt, denn eine Nichtstechmücke reagiert ebenfalls tödlich auf das Bakterium: die Zuckmücke. Was auch Xenia Augsten von der KABS zugibt: »Eine Art, die ein bisschen sensibel darauf reagiert, ist die Zuckmücke. Die sticht nicht und ist ein wichtiger Bestandteil der Nahrungskette.« Aber sie schränkt ein, dass die kaum vom Bti betroffen sei, weil sie in Dauergewässern brüte wie Baggerseen oder langsam verlaufenden Altrheinarmen. Die KABS sei aber nur in temporären Wasserstellen tätig.

Neuere Studien zeigen sich nicht so optimistisch. Eine österreichische aus dem Jahr 2018 verweist auf Gefahren für Zuckmücken, aber auch Fadenwürmer, Blattkäfer oder Schleiermotten, vor allem wenn die Dosierung des Bakteriums zu hoch angesetzt ist. Und ein Projekt der Deutschen Bundesstiftung Umwelt, durchgeführt von der Universität Landau, von 2019, kommt zu dem Schluss:

> Zuckmücken [werden] auch bei regulär angewandten Bti-Mengen im Feld von der Stechmückenbekämpfung beeinträchtigt. Zuckmückendichten wurden unabhängig von der Komplexität des Studiendesigns durch den Bti-Einsatz um mindestens 50 % reduziert. Damit reagieren Zuckmücken in diesen Systemen empfindlicher auf die Bti-Behandlung, als bisher in der Literatur angenommen.

Das bedeute in der Konsequenz, so die Studie, dass das Nahrungsangebot für aquatische sowie terrestrische Räuber in Feuchtgebieten erheblich beeinträchtigt ist, was auch Effekte entlang der Nahrungskette hätte. Denn die Zuckmücken seien die bevorzugte Nahrung von Molchlarven. Das Fehlen der Zuckmücken in der Nahrung habe zwei Konsequenzen: Zum einen sei das Risiko für die Molchlarven größer geworden, Beute von Großlibellenlarven zu werden, zum anderen sei ihr Gewicht beim Landgang, dem Übergang von der aquatischen zur terrestrischen Lebensweise, um sieben Prozent geringer. Das könne, so die Studie, »langfristige Folgen für die Populationsgröße von Amphibien haben«.

Genetik als Lösung?

Im Mai 2021 war es so weit: Die Biotechfirma Oxitec startete in Florida einen umstrittenen Feldversuch. Sie setzte gentechnisch veränderte Männchen der Stechmückenart *Aedes aegypti* frei. Die genetische Veränderung, die diese Männchen in sich tragen, ist bedeutsam: Sie sind Träger eines bestimmten Gens, dass sie an ihre Nachkommen weitergeben – ein Gen, das die weiblichen Larven in einem frühen Stadium tötet. Die männlichen Larven sterben nicht, sie entwickeln sich normal, tragen aber dann ebenfalls das Gen in sich und geben es an ihre Nachkommen weiter. Das Ziel: Die Population der *Aedes aegypti*-Mücken soll zunächst schrumpfen. Zu Ende gedacht, wird die Mückenart zumindest regional aussterben. In Laborversuchen in England war das schon erfolgreich. Wie erwartet, setzte eine Kettenreaktion ein – die Weibchen starben, die Männchen trugen das Gen weiter. Nach einigen Mückengenerationen starben die Mücken aus.

Außerdem gibt es Forschungen darüber, wie Übertragungsmücken genetisch resistent gegenüber Krankheitserregern werden könnten. Denn die Übertragung von Dengue-, Gelb- oder anderen Fieberarten setzt die Infektion und Reproduktion der Viren durch die Mücke voraus. Ist die Mücke resistent dagegen, wird sie die Viren auch nicht weiterverbreiten, da sich die Viren in ihr nicht vermehren können. Der ökologische Eingriff bei dieser Methode wäre natürlich geringer als bei der, die zum Aussterben einer Mückenart führt.

Prinzipiell scheinen solche genetischen Veränderungen zu funktionieren, allerdings weiß man nicht, ob sich größere Mückenpopulationen nicht genetisch anpassen werden – so wie sie es schon bei Insektiziden getan haben.

Aber es stellen sich ethische Fragen: Dürfen wir unsere Umwelt derart verändern? Sollten wir es nicht sogar, wenn wir so Menschen retten? Müssen wir nicht Mückenpopulationen eindämmen? War es nicht richtig, den Rhein zu begradigen und die Verbreitung von Malaria somit aufzuhalten? Denn natürlich ist es wichtig, Krankheiten zu bekämpfen; wenn möglich, sie auszurotten. Es wäre zynisch, nicht auszuprobieren, wie man Malaria loswird, wie man Gelbfieber und Dengue und Zika unter Kontrolle bringt. Impfungen sind ein probates Mittel gegen einen Teil der Krankheiten. Auch die sogenannte Vektorkontrolle ist hilfreich, also genau zu beobachten, wo welche Mücken stechen. Doch auch genetische Forschungen, wie sie oben skizziert wurden, können im Kampf gegen die Krankheiten helfen.

Die Reaktionen auf solche Forschungen sind sehr gemischt: zwischen euphorisch und kritisch. Je nachdem, wo man sich verortet. Ob man denkt, man wisse genug über die Natur, um sich in solche Prozesse einzumischen, oder ob man sich gar außerhalb ihrer stehend sieht: der Mensch außerhalb der und als Herrscher über die Natur – wie es schon in der Bibel heißt:

»Und Gott segnete sie und sprach zu ihnen: Seid fruchtbar und mehrt euch und füllt die Erde und macht sie euch untertan und herrscht über die Fische im Meer und über die Vögel unter dem Himmel und über alles Getier, das auf Erden kriecht.«

Oder man sieht sich als Teil der Natur und weiß auch, dass man sie in Gänze nie komplett durchschauen wird – oder bislang nicht durchschaut hat. Dass diese ein fragiles Gleichgewicht besitzt. Und dreht man an einem Rädchen des Ökosystems, und sei es an dem Rädchen Stechmücke, greift man in das ganze System ein. In ein »verwickeltes, genau ausgewogenes und weitgehend zu einem übergeordneten Ganzen zusammengeschlossenes System von Beziehungen zwischen Lebewesen«, wie Rachel Carson in *Der stumme Frühling* schrieb.

> Man kann sich über dieses System genauso wenig ungefährdet hinwegsetzen wie ein Mensch, der hoch oben am Rande eines steilen Felsens sitzt, ungestraft dem Gesetz der Schwerkraft trotzen kann. Das Gleichgewicht der Natur ist nicht ein Status quo, es ist fließend, es verlagert sich ständig und passt sich den Gegebenheiten an.

Fallen stellen

Bleibt vielleicht nur diese Möglichkeit: Fallen stellen. Im Internet kursierte eine Zeitlang diese Idee einer Mückenfalle. Auf einer Holzbank sind hintereinander aufgereiht zu sehen: ein kleiner Berg Salz, ein mit Flüssigem gefüllter Kronkorken, ein Stöckchen und ein Steinchen. Die Mücke landet auf dem Salz und denkt, dass es Zucker ist. Sie leckt das Salz, bekommt deshalb Durst, sucht Wasser. Im Deckel ist aber Rum. Die Mücke betrinkt sich, stolpert über den Stock, schlägt mit dem Kopf auf den Stein und ist mausetot. Oder mückentot.

Dass diese Methode sehr effektiv ist, wage ich zu bezweifeln. Moderne Mückenfallen sehen ein anderes Setting vor: Sie locken mit Hilfe von Kohlendioxid – das ausgeatmete Kohlendioxid von Tieren und Menschen lockt Stechmücken an – und einem Duftstoff die Mücken an und töten sie im Inneren der Falle. Da diese Fallen inzwischen immer besser funktionieren, werden sie auch zur massenhaften Mückenbekämpfung eingesetzt. Studien in den USA, in Brasilien, Peru, Thailand oder Australien zeigen, dass die Populationsdichte von Gelbfiebermücken durch solche oder ähnliche Fallen stark reduziert werden konnte. In Cesena, Italien, registrierte man bis zu 85 Prozent weniger Mückenstiche in Gebieten mit Mückenfallen. Die oben bereits zitierte Studie der Universität Landau stellte nach ihrem Fallenversuch fest, dass »es 9-mal weniger Stechmücken in den Gebieten gab, die mit Stechmückenfallen ausgestattet waren«. Einschränkend vermerken die Autor:innen jedoch, dass der Sommer 2017, in dem die Fallen aufgestellt waren, sehr stechmückenarm gewesen sei und deshalb nicht geeignet, »eine finale Aussage über die Fängigkeit der Fallen am Oberrhein zu treffen«.

Jedoch hätten andere Versuche mit Fallen den Stechdruck durch Tigermücken nach sechs Wochen fast hundertprozentig reduziert. Und das Fazit der Landauer Wissenschaftler:innen lautet: Fallen seien wegen ihrer Pestizidfreiheit, ihres geringen Effekts auf andere Lebewesen und ihrer lokalen Anwendung umweltfreundlicher als alle anderen Methoden. Zudem blieben Larven und adulte Mücken anderen Tieren als Nahrungsgrundlage erhalten.

Kohlendioxidfalle

Eine kleine Kohlendioxidfalle für den Garten oder die Veranda kann man selbst bauen. Man braucht eine am besten dunkle, 1,5 bis 2 Liter fassende Plastikflasche – und den Mückenlockstoff, der aus Wasser, Zucker, Hefe und Spülmittel zusammengerührt wird.

Zunächst schneidet man die Plastikflasche auseinander, und zwar dort, wo der sich verjüngende Flaschenhals beginnt. Dreht man den abgeschnittenen Flaschenhals nun um, sollte er wie ein Trichter genau in den Flaschenkorpus hineinpassen und dicht abschließen.

Dann rührt man das Mückenlockmittel an. Man nehme etwa 300 Milliliter warmes Wasser und 100 Gramm Zucker, löse den Zucker im Wasser auf und füge ein bis zwei Gramm Trockenhefe hinzu. Dann gebe man in die Mischung einen kräftigen Schuss Spülmittel hinein, kippe die ganze Flüssigkeit in den Flaschenunterteil und setze den oberen Teil der Flasche falsch herum auf den unteren Teil, um einen Trichter zu bilden. Die Hefe beginnt in Verbindung mit dem Zucker zu gären. Dadurch entsteht Kohlendioxid, das die Mücken anlockt. Die Mücken fliegen nun im Idealfall durch den Flaschenhals nach unten in die Flasche, versuchen auf der Wasseroberfläche zu landen und versinken, da das Spülmittel die Oberflächenspannung der Flüssigkeit zerstört hat. Und sollten sie nicht auf der Wasseroberfläche landen, ist es auch unwahrscheinlich, dass sie wieder den Weg nach draußen finden.

Solch eine Mückenfalle hält etwa zwei Wochen. Danach muss die Lockmischung neu angerührt werden.

Wem nützen die Mücken?

Es schwebte eine Seifenblase
Aus einem Fenster auf die Straße.

»Ach nimm mich mit Dir«, bat die Spinne
Und sprang von einer Regenrinne.

Und weil die Spinne gar nicht schwer,
Fuhr sie im Luftschiff übers Meer.

Da nahte eine böse Mücke,
Sie stach ins Luftschiff voller Tücke.

Die Spinne mit dem Luftschiff sank
Ins kalte Wasser und ertrank.

Joachim Ringelnatz: Die Seifenblase. In:
Ders.: Das Gesamtwerk in sieben Bänden. Hrsg.
von Walter Pape. Bd. 1. Berlin 1984, S. 4.

Von Joachim Ringelnatz stammt das Gedicht »Die Seifenblase«, in der die Mücke mal wieder alles verdirbt. »Tücke« reimt sich einfach zu gut auf »Mücke«, als dass man diesen Reim auslassen könnte – und schon ist wieder die Schuldige gefunden. Und was reimt sich noch auf Mücken? Zerdrücken.

Zerdrückt haben wir die Mücken. Und auch alle anderen Insekten. Denn selbst wenn ich und wir alle es oft anders wahrnehmen: Den Mücken geht es nicht sehr gut. Nicht einmal gut. Sie unterscheiden sich dabei nicht von anderen Insekten – ihr Lebensraum ist bedroht, und sie werden immer weniger. Das mag nicht für alle Länder, für alle Zeiten und für alle Mücken gelten, aber für die meisten und für Mitteleuropa.

Die Gründe dafür sind mannigfaltig: eine Landwirtschaft mit hochgezüchteten, schädlingsresistenten Monokulturen aus Mais, Raps oder Weizen, Flurbereinigungen, die alle Hecken, Tümpel und kleinere Gehölze abgeräumt haben, die vielfältige magere Blühwiesen verschwinden ließen, dazu ein übermäßiger Einsatz von Insektiziden und Pestiziden sowie eine immer weiter voranschreitende Flächenversiegelung zugunsten von Autobahnen, Auslieferungszentren und Gewerbegebieten auf der ehemals grünen Wiese. Der Lebensraum von Insekten schrumpft Jahr für Jahr. Und wir kaufen dann im Baumarkt Insektenhotels, die wir auf die Terrasse hängen.

Der Windschutzscheibentest zeigt es deutlich: Fuhr man noch vor 50 Jahren von Düsseldorf nach München, musste man spätestens bei Würzburg die Scheibe reinigen; heute fährt man lässig bis nach Norditalien durch und denkt dann eventuell einmal darüber nach, dass man doch putzen könnte – oder man fährt einfach weiter. Wissenschaftler:innen bestätigen solche Einzelbeobachtungen. Jedes Jahr im Sommer gibt es Interviews mit ihnen, ob eventuell eine Mückenplage drohe oder gar schon herrsche – und deren typische Antwort entspricht etwa der, die Marion Kotrba, die Sektionsleiterin Diptera der Zoologischen Staatssammlung München, im Juni 2017 der *Frankfurter Allgemeinen Zeitung* auf die Frage nach einer Mückenplage in Bayern gab:

Im Gegenteil, es sind eher erstaunlich wenig Mücken unterwegs. Ich bin gerade zwei Tage den Iller-Radweg gefahren, als ideale Beute für jede Stechmücke: mit kurzen Ärmeln, verschwitzt, in Gewässernähe, bei schwülwarmem Wetter, im Schatten und auch in der Abenddämmerung, mit Stopps in Biergärten. Ich habe keinen einzigen Mückenstich gehabt. Was ich damit sagen will: Wenn Mücken jetzt massenhaft auftreten wie am Ammersee, sind dies lokale Einzelphänomene.

Lokale Einzelphänomene. Die natürlich nerven können. Sehr nerven können.

Und wieder stellt sich die Frage: Was sollen die tückischen Mücken eigentlich? Warum gibt es sie? Welchen Nutzen haben sie?

»Man kann nicht sagen, Mücken haben keinen Nutzen«, sagt Doreen Werner. »Sie sind extrem wichtig, und ich behaupte, die gesamten Ökosysteme würden zusammenbrechen, wenn wir keine Mücken mehr hätten.«

»Auch keine Stechmücken?«

»Auch keine Stechmücken. Sie übernehmen wichtige Funktionen, und zum Teil kennen wir diese Funktionen gar nicht. Wir haben jetzt Studien durchgeführt, die zum Beispiel auch zeigen, dass Stechmücken an der Bestäubung beteiligt sind.«

So sind die sehr kleinen Bartmücken nicht die wichtigsten Bestäuber der Kakaopflanzen – sie sind die einzigen. Ohne Bartmücken gibt es somit keinen Kakao und keine Schokolade. Nur Bartmücken passen mit ihren maximal drei Millimetern gut in den Blütenkelch der Kakaopflanze. Prima in Mittelamerika, aber warum muss es sie sonst wo geben? Denn 4000 Arten von ihnen finden sich weltweit, knapp 200 in Mitteleuro-

Kriebelmücke

Die mit einer Körperlänge zwischen zwei und sechs Millimetern ziemlich kleinen Kriebelmücken (wissenschaftlich *Simuliidae* genannt) kommen mit etwa 50 Arten in Mitteleuropa vor. Es sind fiese kleine Biester, die äußerlich zunächst eher an kleine Fliegen erinnern, auch weil ihr Saugrüssel verhältnismäßig kurz ist und sie nicht so einen fragilen Körperbau wie die meisten anderen Stechmücken besitzen. Stattdessen haben sie einen kurzen und hochgewölbten Rumpf. Normalerweise sind sie schwarz, manche Arten aber auch gelb bis orange, oder sie haben ein silbrig helles Zeichnungsmuster.

Kriebelmücken ernähren sich überwiegend von Blütennektar; die Weibchen brauchen zur Eiablage eine Blutmahlzeit. Sie sind Poolsauger, das heißt, sie stechen nicht, sondern reißen mit ihren Mundwerkzeugen eine kleine Wunde und saugen dann aus den verletzten Kapillargefäßen das Blut auf – ähnlich wie es Bremsen tun. Deshalb ist der Stich oder besser Biss auch meist recht schmerzhaft, da häufig Nervenenden verletzt werden. Zudem dauert die Blutmahlzeit einer Kriebelmücke wesentlich länger als die anderer Stechmücken und ist oft mit einem Nachbluten verbunden. Der Biss der Kriebelmücke führt häufig zu stärkeren Reaktionen als der anderer Mücken mit großer Quaddel- oder Knötchenbildung und Hautentzündungen mit heftigem Juckreiz und auch Schmerzen.

pa, die hier auch Gnitzen genannt werden. Leider hinterlassen sie sehr schmerzhafte Stiche und übertragen bei Wiederkäuern die Blauzungenkrankheit.

»Wir sind uns immer gar nicht bewusst, wie wichtig jedes einzelne Tier, also jede einzelne Art ist«, sagt Doreen Werner. Zum Beispiel die Kriebelmücke. Sie ärgert den Menschen, ihre Larven – und auch zum Teil die adulten Mücken – bilden aber in vielen Fließgewässern im Frühjahr vier Fünftel der Fisch- und Amphibiennahrung, da dann noch keine anderen Tiere verfügbar sind. Zuckmückenlarven machen in anderen Gewässern drei Viertel des gesamten Faunabestandes aus und dienen insbesondere Aalen, Brassen, Barschen und Zandern, Karpfen, Maränen und Forellen als Nahrung. Und wieder andere Mückenarten sind enorm wichtig im ganzen System der Zersetzung von organischem Material – Mückenlarven klären Wasser.

Fische brauchen die stechenden Kriebelmücken zum Überleben, die Kriebelmücken wiederum Säugetiere/Vögel/Menschen für ihre Blutmahlzeit, die Säugetiere/Vögel/Menschen die Fische als Nahrung – ein Kreislauf des Lebens. Den wir Menschen an vielen Punkten durchbrechen. So entwickeln sich die Larven zahlreicher Mückenarten in flachen, strömungsarmen Gewässern. Werden nun Flüsse begradigt und Bäche reguliert, um die Fließgeschwindigkeit zu erhöhen, sind viele Mückenarten betroffen.

Wem nützen die Mücken? Die Entomologin Doreen Werner hält das im Kern für eine falsch gestellte Frage. Sie kontert: »Wem nützen wir Menschen?« Jedes Lebewesen auf dieser Welt sei nur darauf ausgerichtet, die eigene Art zu erhalten. Was die Mücke eben genau dann tue, wenn sie uns sticht. Aber der Nutzen oder der Nichtnutzen werde allein von uns definiert, nach unseren Maßgaben. »Die Mücke definiert es mit Sicherheit nicht so, dass sie nützlich oder schädlich ist.«

»Wer als Werkzeug nur einen Hammer hat, sieht in jedem Problem einen Nagel« – dieser Satz wird mal Mark Twain, mal

Paul Watzlawick zugeschrieben. Vielleicht sieht, wer Bakterien züchten oder Gene verändern kann, überall eine Mückenplage. Natürlich werde ich auch zukünftig auf Mücken schlagen, wenn sie auf meinem Unterarm sitzen, und fluchen, wenn sie und ihre Schwestern mich auf dem Badesteg überfallen. Aber dennoch sollten wir die Natur besser einfach annehmen. Die Unterscheidung »Tiere zum Streicheln«, »Tiere zum Essen«, »Tiere zum Ausrotten/Draufhauen« ist gewiss nicht sinnvoll.

Albrecht Haushofer war 1945 als Widerstandskämpfer in Berlin-Moabit inhaftiert. Bevor er am 23. April 1945 erschossen wurde, hatte er seine *Moabiter Sonette* verfasst. Eines davon ist der Mücke gewidmet.

Ein leisestes Gesurr. Auf meine Hand
sinkt flügelschwirrend eine Mücke nieder,
ein Hauch von einem Leib, sechs zarte Glieder –
wo kam sie her aus winterlichem Land?

Ein Rüssel – … schlag ich zu? Mißgönn ich ihr
den Tropfen Blut, der solches Wesen nährt?
Den leichten Schmerz, den mir der Stich gewährt?
Sie handelt, wie sie muß. Bin ich ein Tier?

So stich nur zu, du kleine Flügelseele,
solang mein Blutgefäß dich nähren mag,
solang du sorgst um deinen kurzen Tag!

Stich zu, daß es dir nicht an Kräften fehle!
Wir sind ja beide, Mensch und Mücke, nichts
als kleine Schatten eines großen Lichts.

Albrecht Haushofer: Die Mücke. In:
Ders.: Moabiter Sonette. Berlin 1946, S. 27.

Lektüretipps

Allgeier, Stefanie / Brühl, Carsten / Frör, Oliver: Entwicklung eines naturschutzkonformen Konzeptes zur Stechmückenbekämpfung am Oberrhein. Abschlussbericht. Deutsche Bundesstiftung Umwelt. Institut für Umweltwissenschaften. Universität Koblenz-Landau 2019. https://www.dbu.de/OPAC/ab/DBU-Abschlussbericht-AZ-32608_01-Hauptbericht.pdf, letzter Zugriff: 11. 8. 2023.

Angres, Volker / Hutter, Claus-Peter: Das Verstummen der Natur. Das unheimliche Verschwinden der Insekten, Vögel, Pflanzen – und wie wir es noch aufhalten können. München 2018.

Brehm, Alfred Edmund: Brehms Tierleben. Allgemeine Kunde des Tierreichs. 9. Bd.: Insekten. Dritte, neu bearbeitete Auflage. Leipzig/Wien 1900.

Bundesministerium für Nachhaltigkeit und Tourismus: Gelsenregulierung mittels *Bacillus thuringiensis israelensis* (Bti). Eine Bewertung aus gewässerökologischer Sicht. Wien 2018. https://www.bmlrt.gv.at/dam/jcr:eebe524f-6ba2–4d49–829a-e8154efe734b/Bti%20 Literaturstudie_gsb.pdf

Caldwell Crosby, Molly: The American Plague. The Untold Story of Yellow Fever, the Epidemic That Shaped Our History. New York 2006.

Carson, Rachel: Der stumme Frühling. Aus dem amerikanischen Englisch übersetzt von Margaret Auer. München 2013.

Fischer, Frauke / Oberhansberg, Hilke: Was hat die Mücke je für uns getan? Endlich verstehen, was biologische Vielfalt für unser Leben bedeutet. München 2020.

Hemmer, Christoph Josef [u. a.]: Mücken und Zecken als Krankheitsvektoren. Der Einfluss der Klimaerwärmung. In: Deutsche Medizinische Wochenschrift 24 (2018) S. 1714–22.

Hoffmann, Bert: Repressed Memory. Rethinking the Impact of Latin America's Forgotten Pandemics. In: European Review of Latin American and Caribbean Studies 109 (2020) S. 203–211. https://www.erlacs.org/articles/abstract/10.32992/erlacs.10677/, letzter Zugriff: 11. 8. 2023.

Mann, Charles C.: Kolumbus' Erbe. Wie Menschen, Tiere, Pflanzen die Ozeane überquerten und die Welt von heute schufen. Aus dem amerikanischen Englisch übersetzt von Hainer Kober. Reinbek bei Hamburg 2013.

McNeill, John Robert: Mosquito Empires. Ecology and War in the Greater Caribbean. 1620–1914. New York 2010.

Poinar jr., George / Poinar, Roberta: What Bugged the Dinosaurs? Insects, Disease, and Death in the Cretaceous. Princeton 2008.

Winegard, Timothy C.: Die Mücke. Das gefährlichste Tier der Welt und die Geschichte der Menschheit. Aus dem amerikanischen Englisch übersetzt von Henning Dedekind und Heike Schlatterer. Salzburg/München 2020.

Dank – an meine Interviewpartner:innen:

Xenia Augsten, Entomologin, ehemalige Pressesprecherin der Kommunalen Aktionsgemeinschaft zur Bekämpfung der Schnakenplage (KABS e. V.),

Prof. Dr. Bert Hoffmann, Politikwissenschaftler am German Institute for Global and Area Studies / Leibniz-Institut für Globale und Regionale Studien,

Dr. Maylin Meincke, Epidemiologin am Landesgesundheitsamt Baden-Württemberg,

Dr. Doreen Werner, Entomologin, Leibniz-Zentrum für Agrarlandschaftsforschung (ZALF) e. V.